U0919045

译林人文精选

02

西格蒙德·弗洛伊德

[奥地利]

精神分析新论

洪天富 译

译林出版社

图书在版编目（CIP）数据

精神分析新论 /（奥）西格蒙德·弗洛伊德著；洪天富译．—南京：译林出版社，2018.4

（译林人文精选）

ISBN 978-7-5447-6942-6

I. ①精… II. ①西… ②洪… III. ①精神分析 IV. ①B84-065

中国版本图书馆 CIP 数据核字（2017）第 129251 号

精神分析新论 ［奥地利］西格蒙德·弗洛伊德／著 洪天富／译

责任编辑 王 蕾
装帧设计 好谢翔工作室
责任校对 张红霞
责任印制 单 莉

出版发行 译林出版社
地 址 南京市湖南路 1 号 A 楼
邮 箱 yilin@yilin.com
网 址 www.yilin.com
市场热线 025-86633278
排 版 南京展望文化发展有限公司
印 刷 江苏凤凰新华印务有限公司
开 本 880 毫米 ×1230 毫米 1/32
印 张 5.75
插 页 4
版 次 2018 年 4 月第 1 版 2018 年 4 月第 1 次印刷
书 号 ISBN 978-7-5447-6942-6
定 价 35.00 元

译　序

此书是《精神分析引论》的续篇，前者发表于1917年，后者发表于1932年，时隔十五年。正如弗洛伊德自己所说："这些新的演讲绝无取代早年那些演讲的意图，也绝无意形成一个独立的个体，它们是早年那些演讲的延续和补充。"此书包括三方面的内容：一方面是由于在这十五年间有关这些主题（例如梦、焦虑与本能、心理人格等）的知识进一步深化，需要对早已讨论过的主题作批判性的修正；另外两方面包含有真正的周延性，即一些新的主题，诸如女性的问题、精神分析方法在临床中的应用与定位取向等。

在这些新的主题中，第三十五讲，即世界观问题，显得最为重要。这是因为它向读者说明，弗洛伊德是在什么样的世界观指导下从事精神分析研究的。

弗洛伊德认为，精神分析作为心理学的一支——一种深层心理学或无意识心理学——无须建构本身的世界观，但它必须接受一种科学的世界观。然而，传统意义上的科学的世界观，"却早已和我们的定义相隔千里之远"。这是因为，传统的世界观"充满了消极否定的特征……并且极端拒斥一切不合科学或不可知的某些成分……这种世界观是琐屑而枯燥无味的；它忽略了人类理智的见解，以及人类心灵的需要”。因此，“精神分析有特别的权利，提出一种科学的世界观”，它重视宇宙世界中的心灵精神层面，即把研究对象扩充至心灵领域。因此，弗氏断言，“没有这种心理学，科学将相当不完美”。

他山之石，可以攻玉。20世纪80年代，苏联的哲学家和心理学家就弗洛伊德的世界观问题展开了激烈的争论，争论的结果刊登在《哲学科学》杂志1990年1月号上。这篇题为《弗洛伊德的世界观》的总结性的文章，有助于我们理解弗氏的世界观的精神实质。

这篇文章认为，弗洛伊德的精神分析学说是如此重要，以致必须将全部心理学史分为“在弗洛伊德之前的”和“在弗洛伊德之后的”两部分，这是因为弗氏的著作引起了心理学中方法论的革命，即它改变了观察心理实际的方法。如果说弗氏之前的心理学（指描述性的心理学）在最好的情况下能使明显的东西，即人本身能认识到的自己感觉到的现象，固定下来并使之系统化的话，那么弗洛伊德则从表面现象深入到它的内部的、实质的方面。

心理学家们一致认为，弗洛伊德创造了三项伟大成就。首先，他通过观察研究（而不是通过臆想）发现了一些尚未认识的心理结构，这些心理结构形成了特殊的本体论的心理层次和能进行科学分析的层次。这就是客观的心理实际。其次，他对这些结构进行了描述，首次构成了统一的、内部相互关联的心理画面。第三，弗洛伊德的心理画面完全是新的和不同寻常的，他力图严格地用科学的语言描绘“人的内心”和“生气勃勃的”（非死板的）心理实际；为此他创造了一种新的特殊的语言，即精神分析语言。

在弗洛伊德是唯物主义者还是唯心主义者的问题上，心理学家们形成泾渭分明的两派：一派认为弗氏是唯心主义者，因为在他的学说中心理的东西脱离了生理的东西；因为他说过，和生理的东西相比，心理的东西是第一性的；因为他似乎是以主观唯心主义的态度来解决心理过程的起源问题；因为他对理智在认识现实中的作用和意义作了非理性的解释，等等。另一派则认为，弗洛伊德是唯物主义者，因为他用自然科学唯物主义和机械论的原则解释心理现象。这一派的心理学家认为，不能因为弗洛伊德说过心理的东西是第一性的，就断言他是唯心主义者，也不能因为弗洛伊德说过和客观实际与人的行为相比主观实际是第一性的，就断言他是唯心主义者；正如弗洛伊德所说，只有心理上不正常的人才会认为客观实际是第一性的。把有意识的人确定为无意识的人，这也不能算作是唯心主义，因为在现实生活中经常有这种现象。一方面，思想的东西和物质的东西相比是第二性的，但另一方面（在本身的实现方面）它又是第一性的。不能认为精神分析不如开药方治病那样见效就断言弗洛伊德的世界观是唯心主义的。

还有部分心理学家认为，自然科学的唯物主义仅仅是弗洛伊德世界观最初阶段的特征，在精神分析发展的后来阶段，自然科学唯物主义和机械论的原则虽然也存在，但在相当程度上让位给了“生命哲学”、人的非理性概念和“文化的危机”。

在确定个人世界观是唯物主义的还是唯心主义的时，还有一个重要的因素，即对待宗教的态度。弗洛伊德在《世界观问题》这一讲里，多次提到宗教问题。一方面，他承认宗教与科学、哲学一样，乃是人类精神活动的不同方面；而且在人类历史的早期时代，宗教包容了一切属于人的生命之理智部分的事物，在科学尚未萌芽或尚不发达的时代，它取代了科学的地位，同时建构了一种融合一贯、条理分明并自我充足的世界观，且没有任何事物能与之比拟。但是，另一方面，宗教毕竟产生于儿童的无依无助的心理，其内容乃是儿童长大成熟后所保留下来的愿望及需求。

在弗洛伊德看来，科学和宗教是相互对立的两种人类精神活动，前者尽管目前尚不完美，但它对于我们来说是不可或缺的，并且没有任何事物能取代它的地位，而宗教就与科学世界观背道而驰了。事实证明，科学使我们得以不必依靠真正的外在世界而独立，而宗教是一种幻想，它从要迎合我们本能的愿望冲动的心态中获得其力量。

出于对宗教的这种看法，弗洛伊德反对将宗教应用于精神分析的治疗方法中；正是由于弗洛伊德坚持己见，导致他和荣格之间的反目，因为后者热情地探寻宗教在精神治疗中的有益作用。弗氏认为宗教是人回避死亡的一个发明，“死者的亲属发明了一个折中的办法：他承认死的事实，甚至自己也必死的事实，同时却否认死亡所含的灭亡一切的意义……而对死者的长久怀念，则导致了生存还具有他种形式的概念，即人死之后，生命还会继续”（弗洛伊德：《论创造力与无意识：艺术、文艺、恋爱、宗教》，孙恺祥译，中国展望出版社1986年版，第259页）。弗氏甚至断言：“利用宗教来给予人类幸福的做法是注定要失败的。”（弗洛伊德：《图腾与禁忌》，杨庸一译，中国民间文艺出版社1986年版，第11页）

弗氏在其于1923年发表的论文《17世纪附魔神经症病例》里，对宗教能治愈神经症的说法进行了有力的驳斥：在奥地利帝国图书馆的文件中记载了一名神经症患者，他在教会的帮助下通过与圣母进行精神联系的宗教仪式，奇迹般地消除疾患并成为一名教士。弗氏把此患者的附体妖魔理解为“就是那些卑鄙而邪恶的愿望，那些受到否定、约束的本能冲动的衍生物”。弗氏否定了宗教在治疗神经症患者中的作用，“我们反对将神经症这种现象投射到外部世界的做法，而将现象的起源归结于有着这些症状的患者的内心生活”（《论创造力与无意识》，第261页）。

综上所述，我们有理由把弗洛伊德看作唯物主义者，有理由把他的世界观看作唯物主义的世界观。尽管随着心理学的发展，弗洛伊德精神分析疗法的许多具体内容，已经被更新的认识和方法所取代，但这也符合他自己的科学信念。他坚信科学将会不断进步、不断完善，这种对科学的坚持与信任，不因受到打击与批评而退缩的态度，是我们今日仍要继承的。

目　录

前　言

1915至1916年和1916至1917年的两个冬季学期里，我在维也纳一家精神病专科医院的讲堂里为来自各系的混合听众作了《精神分析引论》的系列讲座。讲座的前半部分是临时准备的，而且事后直接被我记录下来，后半部分是我于夏天在萨尔茨堡度假期间起草的，而且在随之而来的冬季里照所写的作了演讲。当时我还具有一个留声机般的记忆天资。

与从前的讲座不同的是，这些新的讲座从未作过。在这期间，我的年龄使我解脱了通过举行讲座表明我是大学成员的义务，尽管我只是大学的外围成员，而且一次外科手术不可能使我成为演讲者。因此，如果我在详尽解释下面的思想时重新设想置身于讲堂里，那只是想象的一种假象而已；这种想象可以帮助我在深入阐发主题时把读者记在心中。

这些新的讲座绝不打算取代以前的讲座。它们压根儿不是独立的东西，不可能指望找到它们自己的读者群；它们是续篇和补充材料，按其与以前的讲座的关系可分为三组。第一组包括对十五年前论及的题目的重新修订，但为了深化我们的认识和改变我们的观点，今天要求我们用另外一种阐述方式，即批判性的修正。另外两组包括了新增加的内容，因为它们或者论及在作第一批讲座时在精神分析中尚未出现的问题，或者论及当时业已存在但因数量太少不足以独辟一章的问题。假若这些新的讲座中有几个具有这一组和那一组的性质，那是不可避免的，大可不必为之遗憾。

这些新的讲座依赖于《精神分析引论》，这一点可以从它们的计数的连续性看出来。例如，本书的第一讲称为第二十九讲。像以前的讲座一样，它们没有给职业分析家提供什么新东西；它们面向一大批受过教育的人，我愿意相信，他们对这门新兴科学的特性和成就，具有虽然谨慎却是善意的兴趣。这一次我的主旨仍然是：不拿简易、完整和自成一体作为幌子而牺牲内容；不隐瞒问题，也不否认缺陷和疑点。也许在科学工作的其他领域里，人们用不着炫耀这种冷静自谦的意图，它们是理所当然的，公众期待的不过如此。例如，任何天文学著作的读者，都不会因为作者向他指出我们对宇宙的认识的局限性和模糊性而对天文学感到失望并蔑视它。只是在心理学里情况有所不同，在这里，人类不适合科学研究的素质充分地表现了出来。人们要求从心理学中得到的东西，似乎并不是知识的进步，而是另外的某些满足；每个未解决的问题，每个被承认的疑点，都变成了对心理学的指责。

谁要是喜爱这门关于精神生活的科学，都必须与这门科学一起忍受这些抱怨。

弗洛伊德

1932年夏于维也纳

第二十九讲　对梦的理论的修正

女士们、先生们！中断了十五年之后，我又把你们召集在一起，以便与你们讨论在这段时间里精神分析领域发生的新鲜事物，也许是更好的事物。我认为，从不止一个角度去看，我们首先对梦的理论水平表示关注，这是正确的和合适的。梦的理论在精神分析的历史中占有特殊的地位，而且是一个转折点；分析和梦的理论一起完成了由一种精神治疗方法向一种深层心理学的转变。从那以后，梦的理论一直是这门年轻的科学最典型和最本质的特征，在我们的其他知识中，没有任何东西可以与之匹敌，它是从民间信仰和神秘主义中发现的一个尚未得到探索的领域。这个理论理应提出的论断的奇特性，具有考验的作用，运用它就能判定谁可以成为精神分析的拥护者，谁将最终无法理解精神分析。就我本人而言，在那些困难时期，即神经症的那些未被认出的事实经常扰乱我的不熟练的判断的时期，我发现梦的理论是一种可靠的依托。每当我对自己犹豫不决的认识的正确性产生怀疑时，只要我能够把做梦者无意义的、杂乱无章的梦成功地转变为符合规范的、可以理解的精神过程，我就能重新相信我走的路是正确的。

因此，以梦的理论为例，一方面考察精神分析在这十五年里经历了哪些变化，另一方面密切注视它在理解和评价同时代人的过程中有哪些进步，这对我们来说具有特殊的重要性。不过，我马上就要告诉诸位，你们会对这两方面感到失望的。

请你们和我一起浏览一下每年发行的《国际（医学）精神分析杂志》。自1913年以来，我们这一研究领域里的权威性论文都刊登在这份杂志上。在以往的几卷里，你们会发现每卷都有一个固定不变的栏目："论释梦"，上面刊有大量关于梦的理论的各个方面的文章。但你们越往后翻，就会发现这样的文章越少，最后连这个固定不变的栏目也完全消失了。分析师们给人的印象是，似乎他们对梦再没有什么可说的了，似乎梦的理论已经完成了。但是，如果你们要向不熟悉精神分析的人解释释梦——他们包括许多用我们的火煮他们的汤的精神病学者和精神治疗专家（顺便说一句，他们对我们的热情款待并无感激之意），包括那些习惯于吸取引人注目的科学成果的所谓有教养的人，包括文人和一般公众——那么答案是不能令人满意的。有几种说法已是众所周知的，但其中有些说法我们从未同意过，例如一切梦都具有性的性质这一命题。然而，恰恰是这些非常重要的事情，例如：梦的明显内容和梦的潜在思想之间有着根本区别；焦虑性的梦与梦的满足愿望的功能并不矛盾；如果医生不使用做梦者的种种相关联想，他就不可能释梦；最为重要的是，我们认识到，梦中本质的东西是梦的工作的过程——所有这一切似乎和三十年前一样对公众来说是陌生的。我可以这样说，因为在这十五年间我收到了无数封来信，写信者报告了他们的梦要求我解析，或者要求了解梦的性质，他们声称已读过我的《释梦》，尽管信中的每一句话都暴露了他们对我们的梦的理论缺乏了解。但这一切不应妨碍我们就我们关于梦的知识再次进行深入探讨。你们肯定还记得，上次我们所作的许多演讲，都是用来表明我们是如何逐渐了解梦这种迄今尚未得到解释的精神现象的。

所以，如果有人，例如一个接受精神分析的患者，把他的一个梦告诉我们，那么我们可以假定他以这种方式向我们提供了一种信息，表明他答应接受分析治疗。这当然是一种用不适当的方法提供的信息，因为梦本身不是社会言论，也不是相互理解的手段。的确，我们并不懂得做梦者想对我们说些什么，他自己也同样无从知晓。现在我们必须迅速作出抉择：要么，正如非精神分析的医生向我们保证的那样，梦是做梦者睡眠差的征兆，是他大脑的某些部分没有休息的征兆，是他大脑的某些部位在未知的刺激影响下想要继续工作而只能以很不完善的方式来这样做的征兆。如果是这样的话，那么我们就用不着进一步研究夜间干扰这个没有任何心理价值的产物了。因为对梦的研究能为我们的目的带来什么有用的东西呢？要么，我们觉察到，我们一开始就要作出另外一种抉择。我们已经提出假设（应当承认，这个假设是相当专断的），即提出了这样一个论点，那就是，甚至这种难以理解的梦也必定是一种完全有效、有意义和有价值的心理活动，在精神分析中，我们能够像利用其他信息一样来利用梦。只有实验的结果能表明我们是否正确。如果我们成功地把梦转化为这样一种很有价值的言论，那么我们显然有希望了解到某些新的东西，得到某种用其他方法难以获得的信息。

然而，我们现在面临的是我们的任务的困难和我们的题目的莫测高深。我们怎样才能把梦转化为这样一种正常的信息呢？又怎样解释患者的言论的一部分采取了这种对他以及对我们来讲同样晦涩难懂的形式呢？

女士们、先生们，你们知道，这次我不走遗传学描述的道路，而走教条主义描述的道路。我们的第一步是通过介绍两个新概念和新名词来确定我们对梦的问题的新态度。我们把人们称为梦的东西叫作梦的文本或明显的梦；而我们正在寻找的、可以说是我们猜想藏在梦背后的东西，被我们叫作梦的潜在思想。然后我们就能够将我们的两项任务表达如下：我们必须把明显的梦变为潜在的梦，并说明在做梦者的精神生活中后者是如何变成前者的。第一部分是一个实际的任务，是由释梦来完成的，它需要一种技术；第二部分是一个理论上的任务，它的职责在于解释梦的工作的假定过程，所以它只可能是一种理论。释梦的技术和梦的工作理论，两者都必须重新创立。

那么，我们应该从哪一部分开始呢？我认为应该从释梦的技术开始；这是因为它更加生动，而且会给你们留下更加活泼的印象。

好吧，有一名患者讲述了一个梦，要我们对它进行解释。我们冷静地倾听，而没有开动我们的脑筋进行思考。我们目前怎么办呢？我们决定尽可能少地考虑我们所听到的东西，即明显的梦。当然，这个明显的梦所显示的各种特征并非对我们完全无关紧要。它可能首尾连贯、结构完整，犹如一部文学作品；或者可能混乱到不可理解的地步，几乎像是一种谵妄；它可能包含着荒唐的成分或者笑话和看起来机智的推论；对做梦者来说，它可能显得是清楚的和轮廓鲜明的，或者是混浊的和轮廓模糊的；梦的情景可能展示感觉那完全官能的力量，也可能是隐隐约约的，就像是一团混浊的迷雾；在同一个梦中可能聚集着各种不同的特性，它们分布在不同的地方；最后，梦可能显示出一种冷淡的情调，或者伴有最强烈的快感或令人难堪的激动。你们不要以为，我们压根儿不重视明显的梦中的这些无穷尽的多样性，稍后我们还会再谈这一点，并在其中找到大量对我们的解释有利用价值的东西。但目前我们不去考虑它，而是要选择通向释梦的主要途径。就是说，我们要求做梦者也不要受明显的梦的印象的影响，而是要把他的注意力从作为整体的梦转移到梦的内容的各个不同部分，并按顺序向我们汇报他对上述每一部分所想到的东西，如果他留心观察每个部分，他就会对它们产生联想。

这是一种特殊的技术，它不是通常处理信息或陈述的方式，不是吗？你们肯定也会猜到，在这一过程的后面还有一些尚未说出的假定。不过让我们继续说下去吧。我们打算按什么样的顺序让患者叙述他的梦的各个部分呢？在这方面我们可以自由选择诸多不同的途径。我们可以简单地采用这些部分在讲述梦的过程中出现的时间顺序，可以说这是最严格的正统方法。或者，我们可以指点做梦者先从梦中找出日间遗念，因为经验已告诉我们，几乎每一个梦都包含对做梦前一天的某事（常常是几件事）的残存记忆或暗示，如果我们依照这些联系办事，我们常常一下子从表面上看起来远远地脱离现实的梦的世界转向患者的现实生活。或者，我们吩咐患者先述说梦的内容中那些因其特别明晰和具有感官上的强度而引起他注意的成分。我们知道，他特别容易对这些成分产生联想。在以上这些方法中，我们用哪一种去着手解决我们正在寻找的联想，那是无关紧要的。

接着，我们获得了这些联想。它们带来了五花八门的东西：有对昨天即做梦前一天的回忆，对很久以前的事情的回忆；有思考、提出赞同和反对的理由的讨论、供认和询问。患者口若悬河地说出了其中的一些，而对另外一些则一时想不起来。大多数的联想表明与梦的成分的明确关系；当然了，因为联想就是从这些成分出发的，但也可能患者用以下这些话来介绍其联想：“这似乎与梦毫无关系；我只是因为想到了它，才把它告诉你。”

如果我们聚精会神地听这些丰富的联想，我们马上会注意到，它们与其说与它们的出发点有共同之处，不如说与梦的内容有类似之处。它们出其不意地阐明了梦的各个部分，填充了各部分之间的漏洞，并使各个部分的奇特排列变得明白易懂。最后，人们还得弄清楚它们和梦的内容之间的关系。我们把梦看作是这些联想的缩短了的摘选部分，当然，这个缩短了的摘选部分是按我们尚未认清的规则进行的，而梦的成分就像是由民众挑选出来的代表一样。毫无疑问，通过我们的技术，我们已经获得了某种被梦所代替的东西，这东西体现了梦的心理价值，但不再显示梦的那些令人感到奇怪的特性，即梦的奇特性和混乱性。

不过，请你们不要有任何误解！对梦的联想还不是梦的潜在思想。后者包含在联想中，就像碱包含在母液中一样，但又不完全包含在联想之中。一方面，这些联想给予我们的东西，远比我们用于表述梦的潜在思想所需要的多得多；也就是说，联想给予我们的东西包括患者的智力在接近这些梦的思想的道路上不得不产生的全部论述、过渡和联系。另一方面，联想往往在快要触及真正的梦的思想时突然停止不前，换言之，联想只不过接近梦的思想，而且仅仅通过暗示涉及后者。在这一点上，我们则独立思考，我们充实这些暗示，从中得出无可争辩的结论，说出患者在其联想中只是一笔带过的东西。这听起来好像我们可以风趣地、随心所欲地摆弄做梦者为我们提供的材料，仿佛我们滥用这种材料，为的是把做梦者所发表的意见解释成某种他的意见中所没有的东西。用一种抽象的描述来证实我们的行动的规律性是不容易的。但是，只要你们亲自进行一次对梦的分析，或在我们的医学文献中选出一个描述得很好的例子加以深入研究，你们就会坚信，这样一种解释工作是很有说服力的。

如果说在释梦时我们一般地和主要地依赖做梦者的联想，那么对梦的内容的某些成分我们则可完全独行其是，这主要是因为我们不得不这样做，因为做梦者通常对这些成分不能产生联想。我们以前就曾注意到,这些成分虽然并不很多,却总是与某些相同的内容联系在一起,积累起来的经验告诉我们,这些成分应被理解和解释为另外某些事物的象征。与其他的梦的成分相比,这些成分具有一种固定的意义,不过这种意义无须明确;它的范围由我们所熟悉的特殊法则所决定。因为我们懂得翻译这些象征,而做梦者并不懂得,尽管他自己使用过这些象征。所以可能发生这样的情况:我们只要听了梦的文本,还没有费很大力气去解释梦,这个梦的意义在我们看来就已经一清二楚了,而做梦者本人还困惑不解。但是,关于象征意义、我们对它的了解以及它向我们提出的问题,我在以前的演讲中已对你们说过不少,今天我就不重复了(请参见《精神分析引论》第十讲)。

以上就是我们释梦的方法。下一个也许合理的问题是:"我们能够借助这种方法来解释所有的梦吗?"回答是:"不,不能解释所有的梦,但是能解释许多梦,因此我们对这种方法的有用性和合理性深信不疑。""但为什么不能解释所有的梦呢?"这个新的回答向我们证明某种已构成梦的形成的心理条件的重要东西:因为释梦的工作是针对一种阻抗而进行的,这种阻抗变化无穷,从不显眼的强度到无法消除(至少就我们当时的强权手段而言)。在工作期间,我们不可能预料到这种阻抗的各种表现。在某些方面,患者毫不犹豫地产生联想,其第一个或第二个联想便可用于解释梦。在其他方面,患者先是停顿和踌躇,然后才说出一种联想,在这种情况下,我们常常必须先洗耳恭听患者的一长串联想,才能获得对我们理解梦有用的东西。我们认为,联想之链越长、越曲折,患者的阻抗也就越强烈,这种看法肯定是对的。在患者对梦的遗忘中我们也感到阻抗的这种影响。常常发生这样的情况:患者尽管竭尽全力,也仍然想不起一个梦。但是,在我们通过分析工作消除了患者与这一分析的关系中的困难之后，被遗忘的梦就会突然重现。还有另外两种观察与此有关。我们经常发现，梦的一部分起先被省略了，但过后又作为附录补充了进来。这可以理解为一种试图忘掉该部分的企图。经验表明，这一部分恰恰是最重要的部分；我们认为，较之其他部分，这一部分的传播会遇到更加强烈的阻抗。此外，我们常常看到，做梦者在醒后立即把梦写下来，以便不使自己忘记梦。我们可以告诉他，这样做是徒劳无益的，因为他为了保持梦的文本而找到的阻抗会移植到联想上，从而使明显的梦变得无法解释。在这些情况下，如果阻抗的进一步加强抑制住联想，从而使释梦的希望破灭，我们也大可不必感到吃惊。

根据这一切，我们可以推论：我们在释梦时发现的阻抗，一定也对梦的产生发生了作用。我们简直可以把梦区分为两种：一种是在少量的阻抗压力下产生的梦，另一种是在较高的阻抗压力下产生的梦。不过，这种压力在同一个梦的内部也是变化无常的；它是缺陷、模糊不清和混乱的原因，能够打断这个最美好的梦的内在联系。

但是，阻抗在做什么，它反对的东西是什么呢？那好吧，在我们看来，阻抗是冲突的准确的先兆。梦中必定存在着两种力量：一种要表达某物，另一种却竭力阻止这种表达。明显的梦作为这两种力量冲突的结果可以概括这两种倾向之间的斗争以压缩的形式作出的所有决定。在某一点上，一种力量可能成功地实现它想说的东西，而在另一点上，与之格格不入的审查机构成功地消灭了对立者有意表达的东西，或者用某种不露痕迹的事物来取代那种东西。梦的形成的最常见和最具特色的情况是：两种力量之间的冲突以妥协而告终，因此那种想要表达某种东西的审查机构虽然能够说出它想说的东西，但是不能采取它所希望的方式，而只能采用一种温和的、被歪曲了的、面目全非的方式。所以，如果梦没有如实地再现梦的思想，如果需要用解释工作来克服这两者之间的鸿沟，那么这就是那种与人格格不入的、起阻碍和限制作用的审查机构的一个成果，我们从释梦时所感觉到的阻抗中推断出它的存在。只要我们把梦作为独立于与人类似的心理构成物的孤立现象来研究，我们就可以把这种审查机构叫作梦的审查员。

你们早就知道，这种审查并不是梦的生活所特有的一种机制。你们知道，这两种心理审查机制——我们不甚确切地把它们称为"受到压抑的无意识和意识"——之间的冲突，支配着我们的全部精神生活；对释梦的阻抗，即梦的审查的先兆，不过是那种把上述两种审查机制加以分离的压抑的阻抗而已。你们也知道，这两种审查机制之间的冲突在一定条件下也可能产生其他心理构成物，它们和梦一样是妥协的结果；我想你们不会要求我在这里重复我在关于神经症理论的引论中已谈过的内容以及这类妥协形成的条件。你们已经知道梦是病理的产物，是包括癔症症状、强迫性观念、妄想在内的系列的第一个环节，但是由于其短暂性和产生于属于正常生活的那些条件下，梦又不同于其他症状。因为梦的生活，正如亚里士多德曾经指出的那样，是我们的心灵在睡眠状态下从事工作的方式，我们必须牢记这一点。睡眠状态意味着避开现实的外部世界，从而为神经症的发展提供了条件。如果我们对严重的神经症进行非常仔细的研究，我们就会发现，对于这种病情来说，这种特征是最为显著的。然而，在神经症中，避开现实是以两种方式实现的：或者由于被压抑的无意识过于强烈以至于压倒了依附于现实的意识，或者由于现实变得不堪忍受，令人隐入无法言状的痛苦，于是受到威胁的自我在反抗已绝望之后，便投入到无意识的内驱力的怀抱中。这种无害的梦的神经症是意识所希望的、只是暂时地退出外部世界的结果，一旦与外部世界的关系重新建立起来，梦的神经症也就随之消失了。当睡觉的人与世隔绝时，他的心理能量的分配中也出现了一种变化，即平时用来压制无意识的一部分压抑现在可以省掉了，因为如果无意识利用它的相对解放而积极活动，它就会发现通往运动机能的道路已被关闭，而唯一向它敞开的途径则是通向幻觉满足的无害之路。因此，现在可以形成一个梦；然而梦的审查这一事实却表明，甚至在睡眠期间，仍然保持着足够的压抑的阻抗。

在这种情况下，我们有可能回答以下这个问题：梦是否也有一种功能，梦是否肩负着一种有用的功能？睡眠状态想要建立的没有刺激的安宁受到三个方面的威胁：以较为偶然的方式，受睡眠期间来自外界的刺激的威胁，以及受不中断的白天的兴趣的威胁；以不可避免的方式，受那些未满足的和被压抑的驱力冲动的威胁，它们焦急地期待着发泄的机会。由于夜间压抑有所降低，可能会发生这样一种危险，即每当来自外部或内部的刺激成功地与一种无意识内驱力的源泉结合起来的时候，睡眠的安宁就会受到干扰。梦的过程允许这样一种协作的产物化为一种无害的幻觉式经历，从而以这种方式保证了睡眠的持续不断。梦有时会唤醒睡眠者并使之产生焦虑，但这与梦的上述功能并不矛盾，换言之，这也许是一个信号，说明检查员认为处境太危险，因此不再相信能够战胜它了。在睡眠中我们往往听见这句自我安慰的话："这毕竟只是一场梦！"以此防止我们醒来。

女士们、先生们，关于释梦我想给你们讲的就这么多。释梦的任务在于把患者从明显的梦引向梦的潜在思想。如果这一任务得到了实现，那么就实际的分析而论，我们对梦的兴趣大体上就逐渐消失了。我们把以梦的形式获得的信息补进患者的其他信息，并继续对患者进行分析。我们有兴趣继续关注梦，我们很想知道梦的潜在思想转化为明显的梦这一过程。我们把这一过程叫作梦的工作。诸位还记得，我在以前的讲座（第十一讲）中曾非常详细地描述过梦的工作，所以在今天的概要中我只想极其简单扼要地总结一下。

看来，梦的工作的过程是某种全新的、奇特的事物，与以前我们所知道的事物没有任何相似之处。它使我们第一次看到了发生在无意识系统之内的过程，并且向我们表明，这些过程与我们从我们的意识思维中所认识到的过程完全不同，与后者相比，它们一定显得闻所未闻、错误百出。这些发现的意义由于以下这个发现而提高了，即在神经症症状形成的过程中，相同的机制——我们不敢说相同的思维过程——产生了作用，正是它们把梦的潜在思想转化为明显的梦。

下面我将采取一种模式化的描述方式。我们假定，在某种情况下，我们观察到了所有或多或少带有感情的潜在思想，明显的梦在释梦完成之后即被这些思想所取代。然后，我们注意到，在这些潜在思想之间存在着一个区别，这个区别将给予我们很大帮助。几乎所有这些梦的思想都被做梦者认出或承认；他承认他这次或另一次曾有过这个想法，或者也许有过这个想法。他只拒绝接受一种思想；这种思想对他来说是格格不入的，也许甚至是令人厌恶的；他也许非常激动地拒绝它。现在我们认识到，别的思想是意识的，更确切地说前意识的思维的各个部分；它们或许是人们清醒时所思考的，也有可能是在白天形成的。但是这种被否认的思想，或者更确切地说这种冲动，却是夜间的产物；它属于做梦者的无意识，因此被他所否认和摒弃。它不得不耐心等待夜间压抑的减退，以便以某种方式表现出来。而且无论如何，它只是一种被削弱的、歪曲的和伪装的表现；没有释梦的工作,我们就不能发现它。这种无意识的冲动由于和其他无可非议的梦的思想取得了联系,因而有机会在一种不引人注意的伪装下逃过检查的关卡;另一方面,前意识的梦的思想也多亏这种联系,才有能力在睡眠期间忙于精神生活。毫无疑问,这种无意识的冲动是梦的真正创造者,它为梦的形成筹措心理的能量。它像任何其他驱力冲动一样,也只是力争自身的满足;我们的释梦经验也表明,这就是做梦的全部意义。在每个梦中,都应显示出一种得到实现的内驱力愿望。精神生活在夜里与现实隔绝,从而有可能退行至那些原始的机制,这样,人们便可以幻觉的形式体验现在所希望的驱力满足。由于这种退行,观念在梦里转化为视觉图像,也就是说,梦的潜在思想被戏剧化了,并且起到插图的作用。

从梦的工作的这一部分中我们打听到梦的某些最显著和最特殊的性质。我要重复一下梦的形成过程。作为先导的是:睡眠的愿望,故意避开外部世界。接着,由此产生了心理结构的两种结果:首先,在心理结构中,有可能出现更古老和更原始的工作方式,即退行;其次,给无意识造成困难的压抑的阻抗降低了,其结果是产生了形成梦的可能性,这种可能性被那些情况,即那些变得活跃的内部和外部的刺激所利用。以此种方式产生的梦,已经是一个妥协的构成物了,它具有双重功能:一方面,它与自我相适应,因为它通过消除干扰睡眠的刺激满足睡眠的愿望;另一方面,它允许被压抑的驱力冲动,以愿望在幻觉中实现的形式,得到在这些情况下可能得到的满足。但是,被睡觉的自我允许的梦的形成的整个过程,仍然受到审查的制约,这种制约是由被保持的压抑的残余所施加的。我不可能更简单地描述这个过程了,因为它本来就并不更简单。不过,我现在可以继续描述梦的工作了。

让我们再次返回到梦的潜在思想！它们的最有力的因素是被压抑的驱力冲动，这种冲动在梦的潜在思想中，仿照偶然存在的刺激，并通过转移到日间遗念上，为自己创造了一种尽管是减弱了的伪装的表现形式。像每一种驱力冲动一样，这种被压抑的驱力冲动也迫切要求通过行动得到满足，但是它通往运动机能的途径被睡眠状态的生理机构堵住了；它被迫选择一种倒退的知觉方向，不得不以幻觉的形式获得一种满足。因此，梦的潜在思想转化为感觉图像和视觉情景之和。通过这种途径，梦的潜在思想在我们看来显得那样奇异和古怪。我们用以表达比较细微的思想关系的所有语言手段，诸如连词和介词、名词的变格和动词的变位，都被省略了，因为缺乏表达它们的手段；正如在原始人的语言中，没有语法，只有思想的粗糙材料得到了表达，而且抽象的词都回复到构成其基础的具体的词。这样一来，剩下的东西很可能是彼此毫无联系的。梦中使用了大量与有意识的思维格格不入的象征来描述某些客体和过程，这种情况相当于心理结构中的史前的退行和审查的要求。但是，梦的思想的这些成分中发生的其他变化远远超出了上述变化。例如那些能够找到某一个接触点的成分被凝缩成为新的单位。在把思想转化为图像的过程中，优先选取的肯定是那些允许这种组合与凝缩的思想成分；仿佛有一种力量在起作用，它使梦的思想材料受到压缩和聚集。由于凝缩作用，明显的梦中的某一成分可以相当于梦的潜在思想的诸多成分；反过来说，梦的思想的一个成分，也可能被梦中的几个图像所代替。

更为引人注目的是另一个过程，即置换或重点转移。我们知道，在有意识的思维中，这个过程只是作为思维错误或开玩笑的手段。的确，梦的思想的个别观念并不具有同等价值，它们所承担的感情分量是不同的，因此对它们的评价也是不同的，也就是说，它们具有不同程度的重要性和值得关注的性质。在梦的工作中，这些观念与依附于它们的感情分离了；这些感情则被单独处理，它们可能被移置到另外的事物上，也可能被保留下来，或发生改变，或根本不在梦中出现。这些被剥夺了感情的观念的重要性在梦中作为梦的图像的感官上的力量重复出现，不过我们注意到，这个重点已从重要的成分转移到无关紧要的成分上去了，因此，在梦的思想中只起次要作用的某种东西，在梦中却作为主要的事物成为众人注意的中心；与此相反，梦的思想的本质的东西在梦中只得到了附带的、不怎么清楚的表现。正是梦的工作的这一部分使做梦者对梦感到奇特和不可理解。置换是使梦变形的主要手段，在审查的影响下，梦的思想必然会对梦的变形感到满意。

在对梦的思想施加了上述这些影响之后，梦就接近于形成了。对梦的形成还有一个相当不稳定的因素，即所谓的继发性整合，在此之前，梦已作为一种知觉的客体出现在意识面前。我们像通常对待我们的知觉内容那样对待梦，即我们试图填补空白，补进联系，在这种情况下，我们常常遭受粗鲁的误解。不过，这种似乎合理化的活动也可以停止或者只能在很差的程度上表现出来，因为它充其量使梦具有一个光滑的外表，却不能与梦的真实的内容相吻合，在这种场合下，梦会公开表露它的一切缝隙和裂纹。另一方面，我们不可忘记，梦的工作也并不总是以同等的能量行事的；它常常只局限于梦的思想的某些部分，而梦的思想的其余部分则可原封不动地出现在梦中。在这种情况下，我们难免获得这样的印象：仿佛人们在梦中进行着最巧妙和最复杂的智力活动，例如从事思辨、开玩笑、作出决定和解决问题，而所有这一切是我们的正常精神活动的结果，可能在做梦前的白天和晚上就已经完成了，它们与梦的工作毫无关系，也没有表现出梦的任何特征。再一次强调梦的思想本身之间以及无意识的驱力冲动和日间遗念之间的对立，并不是多余的。后者显示了我们的精神活动的整个丰富多样性，而前者是梦的形成的真正动力，它的结果通常是愿望的满足。

十五年前，我似乎就能够告诉你们这一切了，不错，我相信我当时的确和你们谈了这一切。现在，我们要收集我们在这十五年里在梦的理论方面发生的变化和新的认识。

我曾经对你们说，我担心你们会觉得我的演讲没有什么价值，而且你们无法理解，我为什么要责成你们两次听同样内容的演讲，为什么我要对自己这样说。这是因为暌别了这十五年之后，我希望以这种方式轻而易举地与你们重建联系。再说，我所讲的是一些基本知识，它们对于理解精神分析具有决定性的重要意义，所以再一次听听它们，也许是令人愉快的；而且十五年之后它们也基本上保持不变，可见它们本身是值得了解的。

当然，在这段时间内的有关文献中，你们会找到大量的实证材料和详细论述，我打算只给你们从中提供一些样品。此外，我也会补做某些早已为人所知的事情。这大多涉及梦中的象征意义和梦的其他表现方法。现在就请诸位听我的讲述。就在不久前，美国一所大学的医科学生或医生，以精神分析没有被任何实验所证明为由，拒绝承认它的科学性质。他们其实也可以对天文学提出同样的异议，因为对天体进行实验的确特别困难。在那里，人们只能求助于观察。尽管这样，维也纳的研究者们却已开始对我们的梦的象征意义进行实验了。早在1912年，一个叫施洛特的医生就已发现，如果给予深深陷入催眠状态的人梦见性的事情的任务，那么在这个以这种方式挑起的梦中，性的材料就被我们所熟悉的象征所取代了。例如，让一个妇女梦见与一个女友性交。在她的梦中，这个女友拿着一个旅行手提包出现，包上贴着一张便条，上面写着“女士专用”。1924年，贝特海姆和哈特曼做了一个给人印象更深的实验，他们的实验对象是那些患有所谓的科萨可夫紊乱性神经症的患者。他们给这些患者讲述具有粗野的性内容的故事，然后要求患者重述该故事，以便注意重述时出现的各种变形。结果，再一次出现了我们所熟悉的性器官和性交的象征物，其中有窄而陡的木楼梯的象征物。正如这两位实验者所正确指出的，患者绝不可能通过有意识的变形愿望来形成这些象征物。

赫伯特·西尔伯勒于1909年和1912年在一系列引人入胜的实验中指出，当梦的工作将抽象的思想转化为视觉图像时，仿佛它明目张胆地要使我们感到意外。他说，当他处于疲惫和昏昏欲睡的状态时，如果试图强迫自己进行脑力活动，那么思想往往就会化为乌有，并被一种显然是它的替代物的幻象所取代。

这里举一个简单的例子。西尔伯勒说：“我打算修改一篇文章中的一段不流利的文字。幻象是：我看见自己正在把一块木头刨平。”在做这些实验时，常常出现这样的情况：幻象的内容并不是企盼修改的思想，而是他自己在努力过程中的主观状态，即状态的代替了思考的，西尔伯勒把这种现象称为“功能性现象”。有一个例子马上会向你们表明功能性现象是什么意思。有位作者努力比较两位哲学家关于某个问题的看法。但是，由于他疲惫不堪、昏昏欲睡，他总是忘掉这些看法中的一种，最后他产生了一种幻象：他向一个伏在写字台上的怏怏不乐的秘书探听消息，那个秘书先是不理睬他，然后生气地注视着他，表示拒绝。那些实验的条件本身很有可能解释这种现象，即以这种方式被迫地产生的幻象往往是自我观察的一种结果。

让我们继续讨论象征的问题。有一些象征，我们自以为了解它们，但它们仍然困扰着我们，因为我们不能说明这种象征怎么会获得那种意义。在这样一些情况下，我们必然会特别欢迎来自其他领域，比如来自语言学、民俗、神话和礼仪的实证。这类的一个例子是大衣的象征意义。我们曾经说过，在一个女人的梦中大衣意味着一个男人。我希望你们在听雷克讲故事的时候会得到这样的印象，雷克在1920年向我们报告："在贝督因人非常古老的新娘结婚仪式上，新郎用特制的名为'阿巴'（Aba）的大衣盖在新娘身上，并且按仪式的要求自言自语地说：'从今以后，除我以外谁也不会给您盖上大衣了。'"（引自罗伯特·艾斯勒的著作：《世界上的大衣和天幕》[*Weltenmantel und Himmelszelt*]，1910年，第二卷，第599页）我们还发现了几个新的象征，我至少可以告诉你们其中的两个。按照亚伯拉罕于1922年发表的看法，蜘蛛在梦中象征着母亲，但是这里所指的是崇拜男子生殖器的母亲，人们害怕这样的母亲，所以，害怕蜘蛛意味着害怕与母亲的乱伦，害怕女性生殖器。你们也许知道，希腊神话中的美杜莎的头可以追溯到怕被阉割的同样动机。我想告诉你们的另一个象征是桥的象征。费伦齐解释了桥的象征意义。它最初代表男性生殖器，它把父母在性交时彼此联结起来，但是后来它从上述意义中又派生出其他意义。我们能够从羊水中诞生，应归功于男性生殖器，就这一点而言，桥是从彼岸（还没有出生，在子宫里）过渡到此岸（人世，生命），而且由于人把死亡想象为回归母腹（回到水里），所以桥也获得了把人运送到死神那里的意义；最后，桥进一步离开了它最初的意义，获得了一般的过渡和情况变化的意义。这符合下述情况：如果一个女人没有打消做男人的愿望，她就会常常梦见桥太短，无法到达彼岸。

在梦的明显内容中，我们常常发现使人回想起童话、传说和神话中的熟悉题材的图像和情景。对这样一些梦的解释阐明了创造这些题材的最初的兴趣，当然，与此同时，我们不应忘记，随着时间的推移，这种材料已发生了意义上的变化。可以说，我们的解释工作就是揭示这种原材料，从最广的意义上说，这种原材料往往可以称作是性的，但是经过后来的加工之后，它获得了各种各样的应用。这类的追溯往往给我们招来所有未经过精神分析训练的研究者的愤怒，似乎我们想要否定或贬低所有后来在性的基础上形成的东西。尽管如此，这样一些认识是富有教育意义的和有趣的。这一点同样适用于造型艺术的某些题材的起源，例如，艾斯勒在1919年依循他的患者的梦的指导，对普拉克西特列斯[1]创作的雕像《赫尔墨斯》中的那个逗弄小男孩的青年作了精神分析的解释。最后，我还得指出，恰恰是神话的主题思想往往通过释梦得到阐明。例如，关于希腊神话中迷宫的传说，可以被认为是对从肛门中诞生的描述；那些弯弯曲曲的通道是肠子，阿里阿德涅线团是脐带。

通过深入研究，梦的工作的那些表现方式——这是一个有诱惑力的、几乎无法穷尽的素材——越来越为我们所熟悉了。我想给你们举其中的几个例子。例如，梦通过同类事情的复制表现频繁的关系。请诸位注意听一个少女的奇怪的梦：她梦见自己走进一间大厅，发现有一个人坐在椅子上；这种情况重复了六次、八次或更多次，但每次椅子上那个人都是她的父亲。当我们从解释的一些次要情况中获悉，这个大厅象征着母亲的子宫时，此梦就不难理解了。这个梦等同于我们所熟知的少女的幻想，她幻想她在子宫内生活期间，即母亲怀孕时父亲光顾其子宫期间，就已经遇见她的父亲了。你们千万不要被这种假象所迷惑，因为在梦中某种东西是颠倒的，父亲进入子宫的行为已移

1 普拉克西特列斯（Praxiteles），公元前4世纪的古希腊雕塑家。——译注

置到了她自己身上；顺便提一下，这种情况还具有自己特殊的意义。父亲本人的重复出现，只可能表明有关的那件事情曾重复发生。我们毕竟得承认，如果梦用积累表达频繁性，那么它并没有多大的意义。梦只是求助于频繁性这个词的原始意义，今天该词在我们看来意味着时间上的重复，但它却来源于空间中的堆积。一般地说，就梦而言，梦的工作把时间关系转化为空间关系，并且表现这种空间关系。例如，在梦中我们可以看到这样的场景：人物显得很小，而且距离我们很远，就像把观看歌剧使用的小望远镜倒过来用所看到的情形一样。这里，空间上的微小和距离具有同样的意义，它们所表示的都是时间上的距离；我们应该明白，上述场景来自遥远的过去。再说，诸位也许记得，我在以前的演讲中曾举例告诉你们，我们甚至已学会利用明显的梦的某些纯形式的特点来进行解释，即把它们转化为产生于梦的潜在思想的内容。诸位肯定也知道，所有在同一个晚上做的梦都属于同一个系统。但是，这些梦在做梦者看来是否是连续一致的，抑或是他把它们分成几部分或许多部分，这并不是无关紧要的。这些部分的数目，往往相当于在梦的潜在思想中思想形成的单个中心点的数目，或者相当于做梦者的精神生活中相互斗争的思潮的数目，这些思潮中的每一种都在梦的一个特殊部分中获得了居支配地位的，但从来不是唯一的表现。一个短的序梦和一个长的主梦之间往往具有一种条件和实施的关系，关于这种关系，你们在我以前的那些演讲中可以找到一个非常明显的例子。一个被做梦者称为以某种方式插进来的梦实际上相当于梦的思想中的一个从句。弗朗茨·亚历山大在1925年对成对出现的梦进行了研究并且指出，同一晚上做的两个梦往往共同完成梦的任务，即它们同心协力分两个阶段实现一个愿望，而每一个单独进行的梦是不可能实现这个愿望的。如果梦的愿望大约是把对某个特定的人采取未经许可的行动作为内容，那么，在第一个梦中，这个人毫不掩饰地出现，而行动只是胆怯地加以暗示而已。第二个梦的情况则不同，在这里，行动被明确地提到，而那个人要么变得面目全非，要么被某个无关紧要的人所取代。这的确会给人一种狡猾的印象。在梦的这两部分之间还有第二种类似的关系；第一部分表示惩罚，而第二部分表示邪恶欲望的满足。这仿佛是说："假如一个人对自己的过失主动承担处罚，那么他就可以允许自己做被禁止的事。"

我不可能使你们继续停留在类似的小发现上，或者停留在对释梦在分析工作中的运用的讨论上。我可以设想，你们渴望听到在关于梦的本质和意义的那些基本观点中到底发生了哪些变化。请你们做好思想准备，恰恰在这方面我没有什么可以告诉你们的了。整个梦的理论最引人争论的焦点无疑是所有的梦都是愿望的满足这一论断。外行们不可避免地甚至反复地提出异议：毕竟有许许多多的焦虑性梦呀！我可以说，关于这个问题，我在以前的演讲中已经完全解答了。在把梦划分为愿望的梦、焦虑的梦和惩罚的梦的时候，我们始终维护我们的理论。

惩罚的梦也是愿望的满足，但是这些愿望不是驱力冲动的愿望，而是精神生活中的批评、检查和惩罚机构的愿望。如果我们面临一个纯粹的惩罚的梦，我们只需稍许动动脑筋就能恢复愿望的梦，因为惩罚的梦是对愿望的梦的正确回答，由于这一驳回，惩罚的梦便成为明显的梦。女士们、先生们，你们知道，对梦的研究首先帮助我们理解神经症，你们也会明白，我们对神经症的认识今后会影响我们对梦的看法。你们将会听到，我们不得不假定精神生活中存在着一个特殊的进行批评和下达禁令的机构，我们把它称为"超我"。由于梦的审查也是这个机构的一种功能，所以我们有必要更加仔细地对超我在梦的形成中的作用进行研究。

对于梦的愿望满足的理论来说，只有两大难题。对它们的讨论虽然在持续，但仍未获得任何完全令人满意的结果。第一个难题是，事实表明，有过休克经历，即有过严重心灵创伤（这种情况在战争中经常发生，并且是创伤性癔症的基础）的人，在梦里常常返回到引起心灵创伤的情境。按照我们关于梦的功能的假设，这是不应该发生的。什么样的愿望冲动能够通过重提这种极端令人痛苦的创伤性经历得到满足呢？真是难以猜出。我们在分析工作中几乎每天都遇到第二个事实，但是它对我们的理论提出的异议并不像第一个事实那样重要。你们知道，精神分析的任务之一就是揭开掩盖童年早期的遗忘症的面纱，使人们有意识地回忆童年早期中所包含的婴儿性生活的种种表现。儿童的这些最初的性经历是与焦虑、禁止、失望和惩罚这些痛苦的印象联系在一起的；我们明白，这些性经历受到压抑，但是我们并不明白，它们为何能如此广泛地接近梦的生活，为何能为如此多的梦的幻想提供模式，这些梦又是怎样被这些童年景象以及对它们的暗示所充满的。看来，这些性经历令人不快的性质和梦的工作的愿望满足倾向是水火不相容的。然而，在这种情况下，我们也许夸大了这种困难。的确，一切永不磨灭的、还未实现的内驱力愿望都黏附在童年时期的这些经历上，它们一生都在为梦的形成提供能量；而且我们相信，这些内驱力愿望由于具有强大的推动力，也能把感到很痛苦的事件的材料挤到意识的表面上来。另一方面，梦的工作努力以下述方式复制这种材料，即它想通过变形否认不愉悦，并把失望变成愿望满足。至于创伤性神经症，情况就不同了，在这里，梦通常以焦虑泛化为结局。我认为，我们应该大胆承认，在这种情况下，梦的功能失灵了。我不想引用“凡规则必有例外”这种说法。我觉得这种说法是不明智的，因为例外并不能扬弃规则。如果我们为了研究起见把一种单个的心理功能，例如做梦，从作为整体的心理机制中分离出来，那么我们就有可能揭示这一单个的心理功能所特有的那些规律性；如果我们再次把它纳入整体的结构，那么我们不得不做好准备，发现这些结果由于和其他力量发生相撞而变得模糊或受到损害。我们说梦是一种愿望的满足；如果你们想要考虑到这些最后的异议，那么你们至少可以说，梦是一种愿望满足的尝试。任何一个能设身处地为精神动力学着想的人，都不会认为这两种说法有什么不同。在某些情况下，梦只能很不全面地实现其意图，或者不得不完全放弃其意图；在这些对梦的功能的阻碍中，对一种创伤的无意识固着似乎是最大的阻碍。在睡眠者不得不做梦期间，由于夜间压抑的减弱而使创伤性固着受到鼓舞变得活跃起来，在这种情况下，他的梦的工作的功能就会失灵，从而不可能把创伤性事件的记忆痕迹转化为愿望的满足。在这些情况下，睡眠者就会失眠，就会由于担心梦的功能失灵而放弃睡眠。在这里，创伤性神经症为我们提供了一个极端的例子，但我们必须承认，童年的经历也具有创伤的性质；如果在其他条件下也可能出现对梦的功能的比较轻微的干扰，我们不必为此感到惊奇。

第三十讲　梦与神秘主义

女士们、先生们！我们今天将要走一条狭窄的路，但它能够把我们引向广阔的前景。

当你们听说我打算讲梦与神秘主义的关系时，你们几乎不会感到意外。的确，梦常常被人们视为通往神秘世界的入口，甚至今天，也有许多人把梦视为一种神秘现象。就连把梦作为科学研究对象的我们也不否认，梦与那些不可理解之事有一种或多种联系。神秘主义、神秘学，这些名称意味着什么呢？你们千万不要期望我会试图用定义来概括这些界线模糊的领域。我们大家以一种普遍却不确定的方式知道，这些名称对我们来说意味着什么。它们指称某种彼岸世界，它对立于我们这明亮的、受无情的法则支配的、科学为我们建立起来的世界。

神秘主义宣称："天地之间的那些事情的实际存在是我们的书本知识做梦也未曾想到过的。"[1]那么，我们不希望坚持学院派的狭隘胸襟；我们愿意相信值得我们相信的事物。

我们打算像处理科学的所有其他材料那样来处理这些事情，首先我们要查明，这样一些事情是否真的可以证明；然后，只有当这些事情的真实性无可置疑之后，我们才努力去解释它们。然而，不可否认，由于理智的、心理的和历史的诸多因素，我

1　见《哈姆雷特》，第一幕，第五场。——译注

们很难把这个决定付诸实施。这与我们从事其他研究不同。

首先是理智上的困难！请允许我作简要而清楚的说明。我们假设我们所讨论的是关于地球内部特性的问题。众所周知，我们对此并没有准确的判断。我们猜想，它是由处于炽热状态的重金属组成的。现在有人断言，地球内部是饱含着碳酸的水，也就是说，一种苏打水。我们肯定会说，这是根本不可能的，它与我们的一切期望相抵触，没有考虑到我们的知识中那些导致我们提出金属假说的依据。然而，这个论断毕竟是可以想象的；如果有人要告诉我们一种检验苏打水假说的方法，人们是会欣然接受的。但是，如果现在有其他人严肃地宣称，地心是由果酱组成的，那么我们的态度则完全不同了。我们会对自己说，果酱并不存在于大自然中，它是人类烹饪技术的产物；此外，果酱的存在需以果树及果实的存在为先决条件，我们无法想象，我们怎样才能将植物和人类的烹调技术安装在地球内部。这些理智提出的异议，其结果使我们的兴趣发生转变：我们不去研究地心是否真的由果酱组成的问题，而是自问能够提出这一见解的会是什么类型的人，最多再问一问他，他是从哪儿知道此事的。不幸的果酱理论的首创者将会感到自尊心受到伤害，并指责我们出于所谓的科学偏见，便拒绝对其主张进行客观的评价。但这对他无济于事。我们感到，成见不总是卑鄙的，相反，成见有时被证明是正确的和适用的，因为它们使我们免除了不必要的浪费。的确，成见不过是按照其他有根有据的判断得出的类比的结论。

许多神秘主义的主张，给我们的印象与果酱假说给我们的印象相同，因此我们有理由认为，我们无需再次检查，一开始就可以拒绝它们。但是，事情毕竟不那么简单。我所选择的那个比喻证明不了任何东西，或者像一般的比喻那样，只能证明极少的东西。这样的比喻是否合适，的确是成问题的；我们清楚地知道，这种蔑视的拒斥态度已经决定了比喻的选择。成见有时是适用的和合理的，有时却是错误的和有害的，而人们从来不知道何时是前者，何时是后者。科学史本身充满了这些意外事故，它们可以告诫我们不要草率地严厉谴责成见。据说，我们今天称之为陨石的石头是从外层空间降落到地球上的，或者含有贝壳残片的山岩以前曾经构成海底，这些假设长期以来被认为是荒唐的。顺便提一下，当我们的精神分析推论存在着一种无意识时，也出现了类似的情况。所以，我们分析者有特别的理由，在运用理智的动机和拒绝新的假设时，要小心谨慎；我们必须承认，理智的动机并不能消除我们的反感、怀疑和不确定感。

第二个因素我把它叫作心理因素，我指的是人类容易轻信和相信神奇之事的一般倾向。从一开始，当生命把我们置于它的严格纪律之下的时候，我们的内心里就产生了一种阻抗，以反对思维法则的严酷性和单调性，反对现实检验的要求。理性变成了敌人，它剥夺了我们许许多多享受乐趣的可能性。我们发现，哪怕暂时摆脱理性的束缚，沉溺于胡作非为的诱惑，我们也会得到很多乐趣。上学的男孩为曲解单词而洋洋自得；科学会议结束后，专家们拿自己的研究工作开玩笑；就连一本正经的人也欣赏滑稽的游戏。而对“理性和科学——人类最优秀的力量”[1]的更严肃的敌意，正在等待自己的机会，它急于把优先权给巫医或自然疗法好手，而不给“上过大学的”医生；它迎合神秘主义的那些论断，只要神秘主义的所谓事实能够被用来破除规律和法则；它使评论界昏昏欲睡，歪曲人们的知觉，迫使人们确认和同意那些无法证明是正确的事情。谁要是考虑到人类的这

1 引自歌德《浮士德》第一部，第四场。——译注

一倾向，他就有充分的理由使神秘主义文献中的许多信息失去价值。

我把第三种疑虑叫作历史的疑虑，我想以此提醒人们注意，在神秘主义的世界里本来不会发生任何新的东西，但是在这个世界中一再出现从古代和古书中留下来的各种象征、奇迹、预言和幽灵，我们早就把它们作为放荡不羁的想象或有倾向性的欺骗的产物解决掉了，换言之，它们是某个时代的产物，在这个时代里，人类的无知非常严重，而科学精神尚处于它的童年时期。如果我们相信按照神秘主义者的信息至今仍然发生的事情是真的，那么我们也必须承认来自古代的那些报道是可信的。现在，我们已经意识到，各民族的传统和圣书中充满着这样的神奇故事；而宗教恰恰将其对可靠性的要求建立在这些特殊的、神奇的事情的基础之上，并从中找到种种超人的力量在起作用的证据。于是，我们很难避免这样一种嫌疑，即神秘主义的兴趣归根结底是一种宗教的兴趣。神秘主义运动的秘密动机之一，就是援助受到科学思维的进步威胁的宗教。由于认识到这样一种动机，我们的怀疑肯定与日俱增，同时我们更加厌恶研究这些所谓的玄妙现象。

然而，这种厌恶最终必须加以克服。这涉及一个有关真实性的问题，即神秘主义者告诉我们的事情是否真实。只有通过观察，这个问题才能得到彻底的解决。事实上，我们应当感谢神秘主义者。我们无法验证来自古代的神奇报道。如果我们认为这些神奇报道不可能得到证实，那么我们就得承认，严格地反驳它们也是不可能的。但是，对于我们能够亲身经历的当代事件，我们一定能够作出准确的判断。如果我们确信今天不会出现这样的奇迹，那么人们无须害怕这样的不同意见，即它们在古代毕竟可能发生过。在这种情况下，其他解释将会更加合理可信。

所以，我们打消了我们的顾虑，准备参与对这些超自然现象的观察。

不幸的是，我们遇到了对我们的真诚意图极为不利的情况。我们的判断所应依赖的那些观察，是在使我们的感官知觉模糊、注意力迟钝的条件下进行的，换言之，我们的观察是在黑暗中或微弱的红光下进行的，而且是在长时间的空头企盼之后。据说，我们那不信神的亦即批判的态度就能够阻止这些所希望的现象的发生。以这种方式产生的情况是对我们平时进行的科学研究的一种名副其实的歪曲描述。我们的观察对象是所谓的巫师，传说他们具有特殊的“感应”能力，但是他们绝不是以思想或性格的卓越品质而出名的，也不是像古代创造奇迹的人那样，具有某种伟大的思想或某种严肃的意图；相反，即使是相信他们的神秘力量的人，也认为他们特别不可靠；他们中的大多数人已被揭露是江湖骗子，我们有理由预料，其余的人也将面临同样的命运。他们的所作所为给人一种成心的儿童恶作剧或变戏法的印象。这些巫师在其降神术中，还从未得出某种有用的东西，例如为我们提供某种新的力量源泉。诚然，魔术师能从他空空的大礼帽中变出一只鸽子，但我们不能指望他的特技能促进鸽子的培育。我很容易设身处地地为某人想一想，此人想要满足客观性的要求，所以参加了神秘主义者的召灵会，但过了一会儿他就感到困倦，厌恶地避开那些对他提出的无理要求，不听教诲地回到他从前的那些成见。人们可以指责这样的人，说他没有礼貌；对于那些我们想要研究的现象，我们不应规定它们是什么样的，它们应该在什么样的条件下产生；相反，我们应该坚持不懈，尊重那些预防和监督措施，通过这些措施，我们又可以尽力反对巫师们的不可靠性，从而使自己受到保护。遗憾的是，这种现代的安全技术却打消了我们对神秘主义进行观察的兴趣。研究神秘主义是一种特殊而艰巨的职业，一种不能同时兼顾其他兴趣的活动。在从事这项工作的研究者们作出决定之前，我们只好听凭我们自己的怀疑和猜测了。

在这些猜测之中，最有可能的也许是下述的猜测：在神秘主义中，存在着一个种种尚未被认清的事实的真实核心，围绕这个核心，幻觉和幻想已织成了一个难以渗透的包裹物。然而，我们怎样才能接近这个核心呢？我们在哪一点上可以着手研究这个问题呢？在此，我认为梦能够帮助我们，因为它提示我们，应从繁杂的题目中选出心灵感应这个题目。

你们知道，我们用心灵感应指称这样一种所谓的事实：在某一特定时间发生的事件，大约同时进入某个在遥远的地方的人的意识，而不考虑到我们所熟悉的信息途径。公认的先决条件是，这件事关系到某人，而另一人，即信息的接收者，对他有一种强烈的感情上的需要。例如，甲遭到事故或是死了；乙是某个与其关系密切的人，诸如母亲、女儿或情妇，她大约在同一时刻通过视觉或听觉得知此事；所以，在后一种情况下，她仿佛接到电话，被告知此事，其实情况并非如此；这多少可算是一种心理上的无线电报了。我无须向诸位着重指出这样的事情是非常难以置信的，我有充分的理由否定这类报告的大部分；但剩下的少数报告无法以这种方式轻易地加以否定。请允许我为了我打算讲的内容，省略掉“所谓”这个小心的字眼，然后继续讲下去，仿佛我相信心灵感应现象的客观真实性，但请诸位记住，事实并非如此，而且我根本不相信这种客观真实性。

其实我要告诉你们的东西并不多，只是一个不引人注意的事实。同时我还想限制你们的期望，因为我要告诉你们，梦其实和心灵感应几乎毫无关系。心灵感应并没有为梦的实质提供任何新的说明，梦也没有为心灵感应的真实性提供任何直接的证据。此外，心灵感应现象压根儿不受梦的约束，它在清醒状态下也会发生。我们之所以要讨论梦和心灵感应之间的关系，唯一的原因在于，睡眠状态似乎特别适于接受心灵感应的信息。在这种情况下，我们得到一个所谓的心灵感应梦，在分析这个梦的时候，我们确信，心灵感应的信息，与白天的其他残留物一样，起到相同的作用，它同样被梦的工作所改变，而且服务于梦的工作的倾向。

在分析这种心灵感应梦的过程中，发生了一件事，此事虽然无足轻重，但我却饶有兴趣地把它作为本次演讲的出发点。1922年，当我第一次报道这件事时，手头只有一个观察事例。从那以后，我作了某些类似的观察，但我仍采用第一个例子，因为它最容易描述，而且你们立即就会接触到这个特殊事件的核心。

一个显然很聪明的人——他声称自己根本不倾向于神秘主义——曾写信告诉我他所做的一个梦，他觉得这个梦很是稀奇古怪。他先对我说，他那已婚的、住得离他很远的女儿将在12月中旬生第一胎。这个女儿跟他很亲近，他也知道，女儿深深地依恋着他。11月16日至17日的那个晚上，他梦见妻子生了一对双胞胎。接下来他讲了各种各样的细节，在这里我只好略过它们，况且并非所有细节都能得到解释。梦中双胞胎的母亲是他的第二任妻子，即他女儿的继母。他并不希望他现在的妻子生孩子，因为他认为她不具备理智地教育孩子的能力；而且在做梦时，他已好久没有和她发生性关系了。促使他写信给我的原因，不是他怀疑我的梦的理论，虽然他的梦的明显内容足以使他产生这种怀疑，因为为什么那个梦与他的愿望完全相反，让他的妻子生孩子呢？据他所说，也没有任何理由担心这个他不希望的事件会发生。促使他向我报道这个梦的是这样一个情况：

11月18日清晨，他收到了一份电报，电报上说，女儿生了一对双胞胎。电报是在前一天拍的，孩子在16日到17日那个晚上出生，与他梦见妻子生双胞胎几乎同时。做梦者问我，我是否认为梦与事件同时发生是偶然的。他不敢称这个梦为心灵感应梦，因为梦的内容与事件之间的差别恰恰关系到他觉得是本质的东西，即生孩子的女儿。然而，从他的一句评语中我们得知，他不会对一个真正的心灵感应梦感到惊奇，他认为，女儿在其困难时刻“特别想念他”。

女士们、先生们！我确信你们已经能够解释这个梦了，而且你们也明白，我为什么要告诉你们这个梦。因为这个男人对他的第二任妻子不满意，他宁愿他的妻子像他第一次婚姻所生下的女儿一样。当然，在他的无意识中，这个“像”字是被忘掉的。那天晚上，心灵感应传来了他女儿生下双胞胎的信息，而梦的工作则控制了这一信息，让这个无意识的愿望对之产生影响——这愿望是想让女儿取代他的第二任妻子——于是产生了使我们感到诧异的明显的梦，这个梦掩盖了愿望，歪曲了信息。我们不得不说，只有释梦才能向我们表明，那是一个心灵感应梦，精神分析揭示了一个非此不能认出的心灵感应的事实。

不过，你们千万不要误入歧途！尽管如此，梦的解释并没有说出任何关于心灵感应的事实的客观真相的情况。它也可能是可以用另一种方式解释的假象。这个男人的梦的潜在思想可能是：“如果像我本来以为的那样，我的女儿算错了一个月，那么今天就该是分娩的日子了。我上次看见她时，她的样子像是要生双胞胎。我那已故的妻子非常喜欢孩子，她要是见到双胞胎，该会多么高兴啊！”（最后这个因素是我根据做梦者尚未提及的联想补上的。）在这种情况下，梦的诱因可以说是做梦者的有根据的猜测，而不是心灵感应到的信息，但梦的结果仍然相同。

你们看到，就连对这个梦的解释也没有对心灵感应是否具有客观真实性的问题作出任何回答。这个问题只能通过详细地探询这一事件的各方面的情况来解决，遗憾的是，无论是这个例子，还是我所接触到的其他例子，都很少有助于详细的探询。应当承认，心灵感应的假设绝对是最简单的解释，但这对我们并没有多大用处。最简单的解释并不总是正确的解释；真理常常并不是简单的；在决定采取一种非常深远的假设之前，我们应当十分慎重。

现在，我们可以不讨论梦与心灵感应这个题目了，关于它我已无可奉告。但是，请你们注意，使我们学习到某些有关心灵感应的知识的，看来并不是梦，而是对梦的解释，即精神分析的审查处理。因此，我们下面可以完全不考虑梦，而只期待精神分析的运用能稍许阐明其他被称为神秘的事实。例如，有一种很接近于心灵感应的感应或思想转移现象，它其实和心灵感应并无两样。它告诉我们，一个人的心理上的过程，诸如观念、兴奋状态、愿望冲动，可以穿过开阔的空间传递给另外一个人，而无须用我们所熟悉的谈话和符号的交流手段。如果真的发生类似的事，你们就会明白，这是多么奇怪，也许甚至具有重要的实用价值。顺便说一句，恰恰是在那些古代的奇迹报告中却很少提及这种现象。

在对患者进行精神分析治疗的过程中，我得到了这样一种印象：职业算命者的活动隐藏着一种有利的机会，可对思想转移进行特别清楚的观察。这是一些微不足道的甚至卑微低下的人，他们沉溺于这样一些活动：翻开纸牌、研究笔迹和掌纹、搞占星术，与此同时，在他们表现出对求卜者的过去或现在的命运了如指掌之后，就预言他们的求卜者的未来。他们的顾客通常对这些成就表示满意，即便后来这些预言没有应验，他们也不会生气。我曾遇见若干这样的事例，并且可以用精神分析法来研究它们。我马上会告诉你们这些事例中的一个最引人注意的例子。遗憾的是，作为医生我有义务严守秘密，所以不得不隐瞒大量事实，从而对这些信息的证据力产生不利的影响。但我尽量避免歪曲事实。现在请听我讲我的一个女患者的故事，她和一个算命者有过这样的经历。

她是众多兄弟姊妹中的长女，并且在成长过程中深深地依恋着父亲。她年轻时就已结婚，而且婚姻美满。她觉得美中不足的是，她没有孩子，所以无法使她心爱的丈夫完全处于父亲的位置。多年失望之后，她决定做妇科手术，但此时丈夫向她透露，责任在于他自己，因为结婚前的一场疾病使他丧失了生育能力。她经受不住这种失望，于是得了神经症，并且显然忍受着害怕被人诱惑的痛苦。为了使她高兴，丈夫带她去巴黎出差。有一天，当他们正坐在旅馆的大厅里时，她注意到旅馆雇员中间有些忙碌。她问发生了什么事，有人告诉她教授先生来了，正在那间小房间里诊病。她表示希望试一试，但遭到了丈夫的断然拒绝，但是趁他不注意时，她溜进了咨询室，站到了那位算命者的前面。那时她二十七岁，但看上去要年轻得多，并且摘掉了结婚戒指。教授先生让她把手放在一只装有灰烬的杯子上，仔细研究指纹，然后告诉她她所面临的各种各样艰苦的斗争，最后他以安慰的口吻向她保证，她还会结婚，三十二岁时会有两个孩子。她告诉我这件事时，已经四十三岁了，而且重病缠身，根本无望生孩子了，所以那个预言没有应验，但她提及此事时一点儿也没有感到后悔，而是带着明显的满足的表情，仿佛在回忆一件令人高兴的往事。不难看出，她压根儿没有预感到预言中的那两个数字（二与三十二）可能意味着什么，或是否意味着什么。

你们会说这是一个荒唐费解的故事，并问我为什么要向你们讲述它。如果不是因为——这一点现在很突出——分析已使我们有可能解释这个预言，而且分析恰恰由于对这一预言的细节的解释而令人信服，那么我会完全赞成你们的意见。在我的女患者的母亲的生活中，这两个数字肯定占有一席之地。她母亲结婚晚，年过三十才成家，可家里人常常念叨，说她加快动作非常成功地补做了耽误的事。她的头两个孩子（我的女患者是老大）在同一个日历年里出生，间隔时间可能很短。因此，她三十二岁时的确生了两个孩子。那位教授先生曾经对我的女患者说："别发愁，您还很年轻。您母亲的命运就是您的命运，她也不得不长时间地等孩子，您在三十二岁时将会有两个孩子。"然而，拥有和母亲同样的命运，使自己处于母亲的位置，占据母亲在父亲那儿的位置，这便是她年轻时最强烈的愿望，可惜由于她现在开始生病，这一愿望未能得到实现。那个预言向她许愿，这个愿望肯定会得到实现，她怎能不感激预言者呢？然而，你们认为那个算命先生有可能熟悉他偶然碰到的女顾客的隐秘家族史的资料吗？这显然是不可能的。那么，他怎么会知道，把这两个数字纳入他的预言使他有可能表达这位女患者最强烈和最隐秘的愿望呢？我认为只有两种可能的解释。要么是我所听到的故事是假的，事情的发生完全是两回事；要么是思想转移这种现象确实存在。我们当然可以假设，这位女患者在时隔十六年之后把这两个重要的数字从其无意识中引入了她的回忆。我的这个猜测并没有什么依据，但我不能排除它；我可以想象，你们宁愿相信前一种解释，而不相信思想转移的真实性。如果你们决定相信后者，那么请别忘记，正是精神分析创造和揭示了这个神秘的事实，而且是在它被歪曲得面目全非的时候。

如果问题只涉及我的女患者的这样一个事例，我们会一笑置之，我们不会想到，仅凭个别的观察就能建立一种意味着决定性的转变的信念。不过请你们相信我的保证：这不是我所经历的唯一实例。我曾收集了大量此类的预言，从中得到这种印象：算命者只是表达了向他询问的顾客的思想，特别是后者隐藏于心中的愿望，因此我们有权分析这些预言，并把它们看作是当事人的主观产物、幻想和梦。当然，并非所有例子都同样令人信服，并非所有例子都同样可能排除更合理的解释，但从总体上看，情况极有可能有利于思想转移这一事实。鉴于这个题目的重要性，我本应将我所有的事例展示给你们，但我不能这样做，因为这样做不仅需要详尽的描述，而且不可避免地违反严守秘密的责任。我将尽可能地抚慰我的良心，再给你们举几个例子。

有一天，一个很聪明的年轻小伙子拜访了我，他是个准备参加最后的博士考试的大学生，但是他抱怨说他不能参加考试，因为他丧失了一切兴趣，无法集中精力，甚至丧失了有条理的记忆能力。我们很快就弄清楚了这种类似瘫痪的状态的来历：他在作出重大的自我超越的成绩之后就开始生病。他有个妹妹，他深深爱着她，但常抑制住自己的感情，她对他也一样。他们常常私下里说："多么可惜，我们不能结婚！"这时，一个与他旗鼓相当的男子爱上了他妹妹，她也表示爱他，但父母不同意他们结合。迫不得已，这对情人只好求助于这位哥哥，他欣然同意帮助他们。他帮助他们传递信件，凭他的影响最终劝说父母同意了这门婚事。然而，在订婚的时候发生了一件意外的事，这事的意义是容易猜出的。他和这位未来的妹夫在没有向导的情况下进行了一次艰难的登山远足，他们迷路了，陷入不能平安返回的危险。妹妹结婚后不久他就陷入了这种心力枯竭的状态。

由于精神分析的影响，他重新获得行动能力，他离开我去参加考试；但在他成功地通过考试后，他又在同年秋天回到我这里待了短暂的时间。就在那一次，他对我讲述了一件他在夏天前经历的令人惊讶的事。在他的大学所在地的城市里，有一个宾客盈门的女算命先生，甚至王子们在做重大事务前也常去请教她。她的工作方法非常简单：她只要求求卜者说出自己的出生年月，其他的东西，包括求卜者的名字，她都不想知道；然后她开始查阅星相书籍，经过长时间的计算，最后对这个当事人说出一个预言。我的这位患者决定用她的神秘艺术为妹夫算个卦。他拜访了她，并告诉她他妹夫的生辰年月。她作了一番计算之后作出了这样的预言："此人在今年7月或8月将死于螃蟹或牡蛎中毒。"我的这位患者用下面这句话结束了他的讲述："这真是神机妙算！"

我一开始就不乐意听他讲述。在听到他的这声惊叫之后，我甚至不客气地问："您怎么会觉得这个预言是神机妙算呢？现在已是晚秋，您的妹夫并没有死，否则您早就告诉我了。可见预言并没有应验。"他回答说："我妹夫当然没有死。但不可思议的是：我妹夫非常喜欢吃螃蟹和牡蛎，并且在去年夏天——也就是我去拜访那个女预言者之前——他吃牡蛎中毒，差点儿丧命。"对此，我该说什么呢？我只会生气，这样一个受过高等教育的人，而且还接受过一次成功的精神分析，居然不了解这件事的底细。在我看来，从天文图表中推算出螃蟹或牡蛎中毒是不可能的，我宁愿认为，我的患者还一直没有克服对其情敌的憎恨，由于受到这种憎恨的压抑，他那时得了病，而那个女星相学者只不过说出了他自己的企盼而已：不要放弃这样的业余爱好，总有一天，他会死于这样的爱好。我承认，对这一事例我想不出其他解释，除非我的患者在对我开玩笑，但是，无论是当时还是后来，他都没有给予我这种怀疑的理由，他似乎认为他所说的话是严肃认真的。

下面是另一个例子。一个身居要职的年轻人与一个追求享受、生活骄奢淫逸的女人保持男女关系，在这种男女关系中，掺杂着一种引人注意的强迫。他时时刻刻用嘲讽和讥诮的言辞伤害她的感情，直到使她感到完全绝望。每当此时，他就如释重负，心情变得轻松起来，于是又与她和解，送她礼物。但是现在他想摆脱她，他觉得这种强迫令人恐惧，他觉察到这种关系有损于他自己的声誉，他希望有自己的妻子和家庭。由于他凭自己的力量无法摆脱那个女人，他只好求助于精神分析。在精神分析的过程中，他又开始辱骂这个女人，在此之后，他让她写一张小明信片，以便把它交给笔迹学专家进行鉴定。他从这位笔迹学专家那里得到的答复是：这是一个处于极度绝望中的人的笔迹，此人在最近几天肯定会自杀。当然，这个绝望的女人并未自杀，她仍然活着，但是精神分析成功地解开了他的锁链；他离开了那个女人，而倾心于一位年轻姑娘，他希望这姑娘能成为他的善良的妻子。此后不久，他做了个梦，这个梦使他开始怀疑这个姑娘的价值。他也从她那里取来了笔迹样本，并把它交给同一个笔迹学专家。这位专家对她的笔迹的判断证实了他的各种担忧。因此，他打消了娶她为妻的念头。

为了尊重这位笔迹专家的鉴定，尤其是第一次鉴定，有必要稍许了解我们这位主人公的秘史。他在少年时期，依照他的狂热的天性，疯狂地爱上过一个年轻的女人，这女人虽然年轻，但比他年长。被她拒绝之后，他曾试图自杀，毋庸置疑，这个意图是严肃的。他侥幸逃脱了死神，经过长期护理后恢复了健康。而这一疯狂行为给他所爱的女人留下了深刻的印象，她给予他厚爱，他则成了她的情夫，从那以后，他暗地里和她保持恋爱关系，以地道的骑士的方式侍奉她。二十多年后，他们都变老了，当然，这个女人比他更老，于是他内心里产生了摆脱她的需要，他要自由自在地过自己的生活，甚至要盖栋房子、建立自己的家庭。与此同时，随着这种厌倦，他的内心里也萌生了要对其情人进行报复的需要，这一需要长时间地受到抑制。如果说他曾因为遭受她的拒绝而试图自杀，那么现在他希望她因为遭受他的遗弃而去寻死，以此得到补偿。但是，他对她的爱还一直十分强烈，以致他不可能意识到这个愿望；他也不能恶意中伤她，逼得她去死。在这种心情支配下，他把那个生活骄奢淫逸的女人当作替罪羊，以便勉强使自己的复仇欲望得到满足。于是，他胆敢对她进行各种折磨，并且希望这些折磨能产生他希望在他所爱的那个女人身上取得的效果。报复本来是针对后者的，以下的情况向我们泄露了这一点：他使这个女人变成他的爱情关系中的知情人和出主意者，并没有向她隐瞒自己的背叛。这个可怜的女子早已由给予者沦落为领受者，她虽然和他亲密无间，但她感受到的痛苦，可能比那个受他虐待的女人的痛苦更甚。他抱怨那个替罪羊时谈到的促使他进行精神分析的强制感，当然也从昔日的情妇身上转移到了那个替罪羊身上。他想摆脱而又摆脱不了的是昔日的情妇。我不是笔迹学专家，对从笔迹猜出性格的本领评价不高，更不相信用这种方法可以预言书写者的未来。不过你们知道，不管人们对笔迹学的价值作何感想，下面的事实是显而易见的：如果专家预言提交给他的样品的书写者会于近期内自杀，他不过是再现了询问者强烈的内心愿望。在做第二个鉴定时也出现了类似的情况，只不过在这里没有考虑到一种无意识的愿望，而是通过笔迹学专家之口明确表达出询问者萌生的怀疑和担心。顺便提一句，借助于精神分析，我的这位患者成功地逃出了他曾沉溺于其中的魔力圈，在爱情上作出了选择。

女士们、先生们！你们已经听到，释梦和精神分析对于神秘主义有什么作用。通过这些例子你们已经认识到，由于使用了上述两种方法，那些平时鲜为人知的神秘事实才公之于众。当然，你们最感兴趣的问题是，我们是否要相信这些检查结果的客观真实性。对这个问题精神分析不会作出直接的回答，但是借助精神分析而显露出来的材料至少是有利于作出肯定回答的。当然，你们的兴趣不会停留在这一点上，你们想知道精神分析没有参与的那些更为丰富的材料有资格作出哪些结论。但我不能满足你们的需要了，因为它已超出了我的探讨的范围。我唯一还能够做的事情是向你们汇报几种观察，这些观察至少和精神分析有这样一种关系，即它们是在分析治疗的过程中进行的，而且也许是由于分析治疗的影响才成为可能的。我要告诉你们一个这样的例子，它曾经给我留下非常强烈的印象，我将详细讲述它，请你们注意其中的大量细节，尽管如此，我将不得不抑制住许多本可大大增强该观察之说服力的细节。这是一个简单明了的事例，无须用精神分析加以阐明；但是在讨论这个事例的时候，我们又不能缺少精神分析的帮助。但我预先要告诉你们，这个例子在分析之下似乎具有思想转移的特点，但它抵挡不住各种各样的怀疑，更不用说无条件地偏袒这种神秘现象的真实性了。

好吧，请听我的讲述：1919年的一个秋日，大约上午十时四十五分，我正给一个患者看病时，刚从伦敦来的大卫·福西斯医生[1]把一张名片交给我（若是以这种方式泄露他在我指导下花了几个月时间研究精神分析技术这件事，想必我的这位来自伦敦大学的可敬同事是不会把它理解为不得体的）。我只有时间与他打招呼，并与他约好时间以后再见面。福西斯医生引起

1　大卫·福西斯（Dr. David Forsyth，1877—1941），伦敦查林十字医院（Charing Cross Hospital，London）的院长，是1913年创建的伦敦精神分析学会的最早成员。——译注

我的特别兴趣，是因为他是因战争而封锁多年之后第一个来拜访我的外国人，会给我带来更加美好的时光。片刻之后，在十一时，我的一个患者来了，他自称是P先生，是个聪明而和善的男人，年龄在四十至五十岁之间。他当时找我看病，是因为他在和女人打交道时有困难。他的病情毫无治疗成功的希望，我早就建议他中止治疗，但他希望继续治下去，这显然是因为他把对父亲的感情转移到了我身上，并因此感到温暖。在那时候，金钱并不重要，因为现有的钱太少了；对我来说，我和他一起度过的时刻也是一种刺激和休息。因此，我们无视医疗工作的严格规定，让分析治疗继续进行下去，直至一个有望获得成功的期限。

在这一天，P先生又试图和女人发生性关系，而且再次提到那个美丽、淫荡和贫穷的姑娘，要不是她的童贞把他吓得不敢采取任何严肃的行动，他会成功地和她发生性关系。他以前常常提到她，可是今天他第一次告诉我，她——她当然对他的性交障碍的真正原因一无所知——习惯于把他叫作小心先生。这消息使我大吃一惊。这位福西斯医生的名片就在我手上，我把它拿给他看。

这就是事实。我估计，你们会觉得它是肤泛的，不过请你们继续听下去，后面还隐藏着更多的事情。

P先生年轻时在英国度过了几年，从那时起，就对英国文学保持长久的兴趣。他拥有一个丰富的英文藏书室，常从那里拿书给我看。多亏了他的帮助，我有幸接触到本涅特和高尔斯华绥这样的作家，在此之前，我很少读到他们的作品。有一天，他借给我一部高尔斯华绥的名为《有产业的人》的小说。故事发生在一个被诗人凭空虚构的福赛特（Forsyte）家族的内部。显然，高尔斯华绥被自己的这一创造所吸引，因为在他后来的几部短篇小说里，他多次启用这个家族的成员，最后他收集了所有有关这个家族的虚构的故事，起名为《福赛特家史》。就在我刚才讲的那件事发生前没几天，他还带给我这个系列丛书里的一本新出的书。福赛特这个姓名以及诗人打算用这个姓名体现的每一个典型事件，都在我和P先生的谈话中起到一定的作用，并成了两个经常交往的人之间很容易形成的秘密语言的一部分。只是在那几部小说里，福赛特这个姓名与我的来访者福西斯的姓名略有不同，如果按德国人的发音，两者之间几乎没有什么区别；有一个有意义的英文单词"foresight"（先见），其发音方式也同上面两个词相同，译为德文即为"Voraussicht"（先见）或"Vorsicht"（小心）。因此，P先生实际上是从他的个人关系中获得这个相同的姓名的，而与此同时这个姓名由于一桩他并不知道的事情引起我的思考。

现在，情况看起来更加清楚了，你们说是不是。不过我认为，如果我们通过分析阐明了P先生在同一时刻的另外两个联想，那么我们会对这一引人注目的现象有更强烈的印象，甚至会洞察这一现象产生的那些条件。

第一个联想：在前一个星期的一天，我白白地等待P先生到十一点钟，然后我出门去拜访住在公寓里的安东·冯·弗洛英德博士[1]。我意外地发现，P先生就住在同一公寓的另一层楼中。后来联系到这件事我对P先生说，可以说我曾到他府上拜访过他；但我确切地知道，我并没有告诉他我在这所公寓里拜访的那个人的姓名。在提到"小心先生"后不久，他对我提出这样的问题：正在人民大学讲授英文课程的弗洛伊德—奥托勒戈（Freud-Ottorego）是我的女儿吗？在我们的长期交往中，这是他第一次讲错我的姓名，他将我的姓名Freud（弗洛伊德）误称为

1 安东·冯·弗洛英德（Dr. Anton von Freund，1880—1920），匈牙利实业家，推动了精神分析运动的发展。——译注

Freund(弗洛英德),就像官方、机关和排字工习惯于犯的错那样。

第二个联想:在同一次门诊结束时,他讲述了一个梦,他被该梦惊醒,认为这是一个十足的噩梦。他补充说,不久前他忘了英文中噩梦是什么词,当别人问及此事时,他说噩梦(Alptraum)在英语里叫作"a mare's nest"(牝马之窝),这当然是一派胡言,因为a mare's nest指的是一个令人难以置信的强盗故事,噩梦应译为英语里的"nightmare"。这个联想似乎和前一个联想有共同的因素,即它们同为英文。我当时不由得想起了大约在一个月前发生的一件小事。那时,P先生和我正在房间里并排而坐,突然,来自伦敦的另外一位亲爱的客人欧内斯特·琼斯博士不期而至,我和琼斯分开已经很久了。我示意琼斯到另一个房间里去,等我与P先生谈完再来看他。但P先生马上从挂在候诊室的照片上认出了琼斯,甚至希望我把他介绍给琼斯。如今琼斯可是一部有关噩梦的专著的作者。我不知道P先生是否知道该书,他忌讳阅读有关精神分析的著作。

我想首先向你们说明,精神分析是怎样理解P先生的联想的相互关系和动机的。P先生和我一样准备适应福赛特(Forsyte)或福西斯(Forsyth)这个姓名,在他看来,这两个姓名具有相同的意义,多亏了他我才结识了这个姓名。引人注意的事实是,由于新出现的一件事,即伦敦的那位医生的到来,这个姓名在另外一种含义上对我来说变得富有意义了,但在此后的极短的时间里,P先生就把这个姓名猝不及防地引入了精神分析。但是,这个姓名在他的门诊时间出现的方式,也许和这个事实本身一样令人感兴趣。例如,他不说:"现在我突然想到出自您所知道的那几部小说的福赛特(Forsyte)这个姓名。"而是他懂得——没有任何有意识地把这个姓名跟这个由来联系起来——把这个姓名跟他自己的经历联系在一起,而且从那儿把它显露出来，这是一件早就有可能发生，但直到现在并没发生的事情。可是接着他说："我也是一个福西斯（Forsyth），这是那姑娘对我的称呼。"我们不会弄错，这句话所表达的是嫉妒的需要和感伤的自我贬低的混合。如果将这句话以下述方式补充完整，我们就不会误入歧途了："您的心思竟然如此聚精会神地用在这个新来者身上，这伤害了我的感情。请返回我的身边吧，我毕竟也是一个福西斯（Forsyth）——当然，正如那个姑娘所说的，我只是一个小心先生（Vorsicht）。"随即，他的思路沿着英语这一因素的联想线索，又回到以前的两件事，这两种事能引起同样的嫉妒心。"几天前您访问了我的公寓，但不是去看我，而是去看安东·冯·弗洛英德。"这种想法使他把弗洛伊德这个姓名篡改为弗洛英德。弗洛伊德—奥托勒戈（Freud-Ottorego）这个姓名必然会出现在讲课目录里，因为她作为英文教师提供了明显的联想。然后，他又想起几周前来访的另一位客人，对这位来访者，他肯定同样嫉妒，但却深感敌不过他，因为琼斯博士能够写出论噩梦的专著，而他自己顶多能做这样的梦罢了。他提到他错误地理解"a mare's nest"的意义，这也是与此相关的，因为这只能意味着："反正我不是真正的英国人，就像我不是真正的福西斯（Forsyth）一样。"

我认为他的嫉妒的激动心情既不是不适当的也不是令人费解的。他已做好思想准备：一旦外国学生或患者回到维也纳，我对他的分析以及我们的交往就将结束；事实上，这件事不久就发生了。但迄今为止我们已成功地进行了一次分析研究：对在同一时刻中他所说出的具有相同动机的三个联想作出了解释。而这个解释与另一个问题有很大关系，即这些联想是否是在没有思想转移的情况下派生出来的。这个问题在这三个联想的每一个中都出现了，因此分为三个个别问题：P先生能否知道福西斯医生刚刚对我进行了首次拜访？他能知道我在他的公寓里曾经拜访的那个人的姓名吗？他知道琼斯博士曾经写了一部有关噩梦的作品吗？或者，这只是我对这些事情的认识在他的联想中的反映吗？我的观察能否得出有利于思想转移的结论，这取决于对这三个个别问题的回答。我们暂时把第一个问题放在一边，因为后两个问题更容易处理。我去他公寓拜访一事，第一眼就给人一种特别可靠的印象。我敢肯定，我在简短而戏谑地提到我去拜访他的公寓时，并没有提及名字；我认为，P先生绝不会在公寓里打听我要拜访的那个人的姓名；我倒是相信，那个人的存在他全然不知。然而，这件事的证据力由于一个偶然情况而彻底被破坏了。我在公寓里曾经拜访的那个人不仅仅叫"弗洛英德"(Freund)，他还是我们大家的忠诚的朋友。他就是安东·冯·弗洛英德博士，他的捐助使我们有可能创建出版社。他的过早逝世以及几年之后我们的同事卡尔·阿伯拉罕的去世，是关系到精神分析发展的沉重的不幸事件。因此，我当时有可能对P先生说过："我在您的公寓里拜访了一位朋友(Freund)。"随着这种可能性，对他的第二个联想的神秘的兴趣消失了。

第三个联想给我们留下的印象也很快消失了。P先生从未读过任何精神分析著作，他会知道琼斯发表过一部有关噩梦的作品吗？回答是肯定的，他会知道这件事。他拥有我们出版社出的书，而且无论如何他可能看见过印在书的封面上的新书广告标题。这一点无法证明，但也无法否定。因此，用这种方法我们不可能作出确认。我不得不表示遗憾，我的这个观察和许多类似的观察一样具有同样的弱点：记录下来的时间太晚，讨论时已不能再见到P先生，无法进一步向他询问了。

现在我们回到第一件事上，这件事即使是孤立地观察也能保持思想转移的虚假事实。P先生会知道他来之前的十五分钟，福西斯医生对我进行了拜访吗？他会知道福西斯医生的存在或他在维也纳吗？我们不同意直截了当地否定这两个问题。我毕竟看到一条通向部分肯定的道路。我毕竟可能对P先生说过，我正期待一位来自英国的医生参与精神分析授课，我把他看作是《圣经》中的大洪水过后的第一只和平鸽。这事可能发生在1919年夏天，福西斯医生在他来之前几个月就写信与我达成共识了。我甚至可能提到过他的名字，尽管我觉得这是极不可能的。考虑到福西斯这个姓对我们两人具有其他方面的意义，我们想必对它进行了一番讨论，讨论的某些内容似乎仍留在我的记忆中。无论如何这种讨论可能发生过，但以后也可能被我完全遗忘了，所以"小心先生"在上分析课的时候能够使我产生某种奇迹的感觉。如果我们把自己视为一个怀疑论者，那么偶尔也怀疑一下我们的怀疑是有好处的。也许我自己也有一种向往神奇事物的神秘倾向，这种倾向非常适合神秘事实的创造。

如果说我们以这种方式清除了一种神奇事物，那么另一种神奇事物还在等候我们，而且最难对付。假定P先生已知道有位福西斯医生，也知道我期待他秋天来维也纳，但如何解释他恰恰在福西斯到达的那一天，紧接在福西斯的初次拜访之后，便知道我已经接见了他呢？我们可能说这纯属偶然，也就是说这是无法解释的——但是，我刚才讨论的P先生的其他两个联想，恰恰排除了这种偶然性，而且向你们表明，P先生确实对拜访我的人和我要拜访的人有嫉妒心。或者，为了不忽视一种最极端的可能性，我们可以假定，P先生觉察到我特别激动（我当然对此一无所知），并由此作出推论。或者，P先生虽然是在那个英国人走后十五分钟到达的，但在两人一道走的一小段路上碰见了那个英国人，并且根据他特有的英国人的外貌认出了他。由于他一直处在强烈的嫉妒状态中，因而想到："哦，那就是福西斯医生，他来了我的分析也该结束了，很可能他现在刚从教授那里回来。"我不可能继续进行这些理性主义的猜测了。又只剩下一个悬案。但我不得不承认，凭我的感觉，天平在这里也是朝有利于思想转移的方向倾斜的。此外，我肯定不是唯一能够在分析情境中体验到上述"神秘"事件的人。海伦·多伊奇（Helene Deutsch）于1926年发表了类似的观察报告，并且指出，这些观察是受到患者和分析者之间的移情关系制约的。

我坚信，你们会对我对这个问题的态度——我并不完全相信，但又准备相信——很不满意。你们也许会对自己说："这又是这种人的一个例子，这种人一生作为自然研究者尽心尽力地工作，然而到了晚年却变得低能、轻信和虔信宗教。"我知道这类人中有一些伟人，但不应将我算作是这样的伟人。至少我还没有变成笃信宗教的人，我也希望自己不要变得轻信。只是，如果有人在其一生中一直卑躬屈膝，以避免和事实发生痛苦的冲突，那么他在晚年时也会保持曲背，在新的事实面前俯首弯腰。无疑，你们更喜欢我坚持一种温和的有神论，并且毫不留情地否定一切神秘事物。但是我不能曲意逢迎，而且我得提请你们注意，对思想转移以及与此相联系的心灵感应的客观可能性要更加友好地加以对待。

请不要忘记，我只是从精神分析的角度探讨了这些问题。十多年前，当这些问题首次进入我的视野时，我也曾担心它们会危及我们的科学世界观，也就是说，一旦神秘主义的某些部分得到证实，那么科学的世界观注定会让位给通灵论和神秘主义。但今天我的想法不一样了。我认为，如果我们不相信科学也能够吸收和加工神秘主义的主张中某些可能被证明是真实的东西，那么我们就不会对科学充满信心了。特别值得一提的是，思想转移似乎是把科学的——我们的对手则说是机械论的——思维方式扩展到那些很难理解的精神现象上。心灵感应的过程应该是：一个人的心理活动激发了另一个人相同的心理活动。连接这两个心理活动的东西，很可能是一种物理过程。在心灵感应的这一端，一个心理活动转化为该物理过程，而在心灵感应的另一端，该物理过程又转化为相同的心理活动。这种转化类似于其他转化，例如打电话时说和听之间的转化。试想一下，要是我们能够发现这种心理活动的物理等价物，那该有多好啊！我想说，由于精神分析把无意识插入物理过程和以前被称为"精神的"过程之间，因而为我们将上述转化过程假设为心灵感应做好了准备。一旦我们使自己习惯于心灵感应这种观念，我们就可以用它做很多事情，当然，目前还只能在想象中进行。众所周知，我们并不知道，在那些大的昆虫群体里，群体的意志是怎样产生的。答案是：也许是通过心灵感应这样直接的心理转移的方式。我们有理由猜想，心灵感应是个体之间相互沟通思想的原始而古老的途径，在种系进化的过程中，它被更好的、借助于被感觉器官所接收的信号传递消息的方法取代了。但是这种古老的方法仍有可能居于幕后，而且在某些条件下，例如在情绪激动的群众当中，还会得到认同。所有这一切还都未得到确证，而且充满着未解之谜，但我们也没有理由对此感到害怕。

如果心灵感应是一种真实的事件，那么尽管它难以证实，我们仍可以猜测它是一种相当常见的现象。恰恰在儿童的精神生活中我们能够发现心灵感应这种现象，这可能符合我们的预料。这里我们想到了儿童常见的焦虑观念：他们的父母知道他们所有的想法，尽管他们未曾把他们的想法告诉自己的父母，这完全等同于成年人对上帝无所不知的信仰，而且也许是这一信仰的根源。不久前，一位值得依赖的妇女，多萝蒂·伯林翰（Dorothy

Burlingham），在一篇题为《儿童分析与母亲》（*Kinderanlayse und Mutter*，1932）的文章里报道了她的若干观察，这些观察如能得到证实，定能消除对思想转移的真实性尚存的怀疑。她利用对母亲和小孩同时进行分析这种不再罕见的情况，报道了在分析过程中出现的以下一些引人注意的事件：有一天，母亲在分析时谈起了一枚金币，它在她童年的某一时期起到过一定的作用。不久之后，当她回到家里时，她那大约十岁的儿子走进她的房间，给她带来了一枚金币，请求她替他保管。她吃惊地问他是从哪里得到这枚金币的。他说是过生日那天得到它的，可是这孩子的生日已过去几个月了，很难解释为什么这孩子恰恰在此刻想起了这枚金币。母亲把这件巧合的事告知孩子的分析医生，请她查明孩子这一举动的原因。但是对孩子的分析没有说明什么问题，这一举动像一种异物闯进了孩子那天的生活里。几星期后，当母亲遵照医嘱正坐在书桌前做有关这一经历的笔记时，这男孩走了进来，向母亲索回了那枚金币，因为他想要在接受分析时给医生看。这次对孩子的分析仍然没有弄清他的这一愿望的原因。

现在我们似乎又回到了精神分析，回到了我们的出发点。

第三十一讲　精神人格的剖析

女士们、先生们！我知道，你们自己无论是与人还是与物打交道，都知道出发点的重要性。对于精神分析来说情况亦然。无论是对精神分析的发展还是对它所受到的待遇而言，这个出发点都并非无关紧要。精神分析是从症状开始自己的工作的，换句话说，是从在心灵中发现与自我完全格格不入的东西开始自己的工作的。症状源于被压抑的东西，它仿佛是自我之前的被压抑的东西的代表，而对自我来说，被压抑的东西是外围，内心的外围，就像现实——请允许我用这种奇特的表达方式——是外在的外围一样。这是一条从症状通向无意识、通向内驱力生活、通向性的途径；由于精神分析研究这些东西，它便遭到了各种堂而皇之的反对。人们说：人不仅仅是性生物，他也有更高尚和更高级的冲动。我们也可以补充说，由于受到这些更高级的冲动意识的熏陶，人往往认为自己有权胡思乱想和忽视事实。

你们更好地知道，我们从一开始就说过，人之所以生病，是因为内驱力生活的要求和人本身所产生的反对内驱力生活的阻抗之间产生了冲突，我们一刻都没有忘记这种抵制的、拒绝的和压抑的审查机构，我们推想，这个审查机构是由它的种种特殊力量即自我驱力装备起来的，它同流行的心理学的自我互相吻合。事实上，由于科学工作进展艰难，精神分析不可能同时研究所有的领域，不可能一口气对所有问题表达它的观点。但是，我们终于取得了很大成绩，即我们能够把注意力从被压抑的东西转向压抑的东西，我们终于面对这个自我，它似乎是不言而喻的，我们有把握预料，在自我这里我们能发现若干我们无法准备的事物；但是，要到达研究的第一个入口却并不容易。这就是我今天想要告诉你们的东西！

但是，我得表达自己的推测：我今天对自我心理学的论述和以前关于底层精神领域的介绍，将会对你们产生不同的影响。情况为什么会是这样，我自己也说不清楚。我最初以为你们可能会发现，我以前对你们讲的东西主要是事实，尽管是奇特的和特殊的事实，而现在你们将要听到的则主要是一些观点即推测。不过这样说是不对的，进一步考虑之后，我必须强调指出：我们在自我心理学中对事实材料的思考的比重，比起神经症心理学中的比重并不更高。我也不得不摒弃我的预料的其他理由；我现在认为，问题在于我们研究的课题本身的性质，在于我们还不习惯和它打交道。总而言之，如果你们在进行判断时比以前更为谨慎和小心，我是不会惊奇的。

我们在研究开始时所处的境况有望为我们自己指明道路。我们希望把自我作为我们研究的对象，作为我们的自己的自我。但这可能吗？自我毕竟是最真实的主体，它如何能成为客体呢？毫无疑问，我们可以做到这一点。自我本身能够使自己成为客体，能够像对待其他客体一样对待自己、观察自己、批评自己，天晓得还能干出一切可能的事情。在这种情况下，自我的一部分和其余部分形成对立。因此，自我是可以分裂的，自我在行使自己的某些功能时可以分裂，至少暂时如此。各个部分事后又可以联合起来。严格地说，这并不新奇，也许只是对大家熟知的事情的一种不寻常的强调。另一方面，我们熟悉这样的观点，即病理学通过它的放大和粗糙化可以使我们注意到平时被我们忽略的正常情况。病理学向我们显示出断裂或裂缝的地方，在正常情况下可能就是一个接合处。如果我们把一个晶体往地面上扔，它会破裂，但它不是随意破裂的，而是按照它的断裂方向分裂成碎片，虽然它们的界线我们看不见，但它们是由晶体的结构事先决定的。患精神病的人也具有这样有裂纹的、断裂的结构。我们甚至不能不对患精神病的人产生某种古代民族对疯子所怀有的敬畏感。他们已经避开了外部现实，正是由于这一缘故，他们知道更多有关内部和精神的现实，并且能够向我们泄露某些我们平时无法知道的情况。我们认为，有些精神病患者患有被监视的妄想。他们向我们抱怨，他们的一举一动，甚至他们最隐秘的行为，不断地受到陌生力量，可能是他人的监视的干扰。在幻觉中，他们听到这些人在宣布他们的监视结果："现在他要说这件事情了，现在他正穿衣服准备外出"，诸如此类。这种监视虽然谈不上是一种迫害，但它离迫害已不远了，它设想，人们不信任他们，人们期待抓住他们，因为他们正在进行被禁止的活动，为此他们应该受到处罚。如果这些疯子是对的，如果在我们每一个人的自我中都存在着这样一种监视的、以惩罚进行威胁的审查机构，在他们那里，这个审查机构只是明显地从自我中分离出来，而且被误置于外在的现实里，那么事情会怎样呢？

我不知道你们对此是否会和我产生同样的看法。自从我在这种病症的强烈影响下形成这样的观念，即一种进行监视的审查机构从其余的自我中分离出来可能是自我的结构中的一个有规则的特征以来，我一直没有放弃这个观念，它推动我进一步研究这样分离出来的审查机构的性质和关系。我很快就采取了下一个步骤。被监视妄想的内容使人容易感到，监视只是评判和处罚的一种准备，因此我们猜出，这个审查机构的另一个功能一定是我们称为良心的东西。在我们身上，几乎没有任何其他东西，能够像良心那样很有规则地使我们与我们的自我相分离，并且很容易地与后者相对立。例如，我感到有兴趣做某件我想做的事情，但我没做它，因为我的良心不允许我去做。或者，一种过大的愉悦期望促使我做了某件违反良心的事情，在此之后，我的良心用令人羞愧的责备惩罚我，并使我对此行为感到悔恨。我可以简单地说，我开始在自我中区分的那个特殊的审查机构就是良心，但是，更为谨慎的做法是：使这个审查机构保持独立，并假定良心是它的功能之一，而作为良心评判活动的必要前提的自我监视，则是该审查机构的另一功能。要承认这种审查机构是一种单独的存在，就得给它起一个自己的名字，所以，从现在起，我想把这个审查机构取名为“超我”。

我现在做好准备听你们对我提出的幸灾乐祸的问题了：我们的自我心理学的目标是否是按字面理解和简化那些通用的抽象概念，并把它们从概念转变成事物，此外就没有别的东西可谈了？我的回答是：在自我心理学中，要想避开众所周知的东西是很难的；问题不在于做出新的发现，而在于提出新的见解和指令。所以，你们暂时可以保留你们贬低我的成绩的批评，等待我进一步的论述。病理学的事实为我们的努力提供了一个背景，而这个背景在通俗心理学中是找不到的。我现在继续往下讲。我们刚熟悉了这种享有一定程度自主性的超我观念——超我遵循它自己的意图，而且在其能量供应上独立于自我——就不由得想起一种病症，这种病症引人注目地说明超我这个审查机构的严厉甚至残酷，以及超我与自我的变化关系。我指的是忧郁症（Melancholie）的状况，说得准确一点，是忧郁症发作的状况，你们虽然不是精神病学家，但对忧郁症发作的状况肯定已有所耳闻。对于这种疾病的起因和机制，我们知之甚少。这种疾病最引人注目的特点是超我——你们悄悄地说良心——对待自我的方式。在健康期间，忧郁症患者对自己的严厉程度或多或少像其他人一样，但在忧郁症发作期间，他的超我变得极度严厉，它辱骂、贬低、虐待可怜的自我，用最厉害的惩罚威胁自我，为了自我好久以前的一些轻率行为而谴责自我，仿佛超我在两次发作的间歇期间，一直在搜集罪名，等到现在自己的力量增强时，就宣布这些罪名，并根据这些罪名严厉谴责自我。超我把最严格的道德标准加诸束手无策地听凭它摆布的自我，是的，超我代表着道德的要求，而我们一眼就领会，我们道德上的负罪感，就是自我和超我之间紧张关系的表现。道德观念据说是上帝赋予我们的，而且深深地植根于我们内心，因此把它看作（在这些患者身上）发生作用的一种周期性的现象，的确是一种非常奇特的体验。因为在几个月之后，整个道德上的胡闹都结束了，超我的批评也静息了，于是自我恢复了名誉，再度享受人所具有的一切权利，直至下次发作为止。的确，在这种疾病的某些状态中，这个间歇期内会发生某种对立的情况；自我处于一种无比快乐的迷离恍惚状态中，它庆祝胜利，好像超我已丧失了全部力量或已和自我交融在一起，而这个变得自由的、躁狂的自我的确毫无顾忌地使自己的所有欲望都得到了满足。这是一些事件，充满了各种未解决的难题！

当我向你们宣布，我们对超我的形成，即良心的起源已经知道不少的时候，你们肯定希望我多作一点说明。一个笃信宗教的人，当他借鉴康德的那句人所共知的名言——在这句名言里，康德把我们心中的道德与星空相提并论——的时候，有可能情不自禁地把良心和星空崇奉为上帝创造的世界的两件杰作。繁星的确是宏伟的，至于道德，上帝却做了一件质量不均的马虎工作，因为大多数的人生来只有微不足道和良心，或者稀少得根本不值一提。我们清楚地知道，在道德源于上帝这个论断中，包含着部分心理学的实情，但是这个论点需要加以解释。虽然道德是"我们心中"的某种东西，但在人的生命之初却没有道德这个东西。道德这东西跟性生活正好相反，后者的确产生于生命之初，而不只是后来才参加进来的。众所周知，婴儿是无视道德规范的，他对自己追求快乐的冲动并没有内心的制约。超我在后来所起的作用，起初是由某种外部的力量即父母的权威形成的。父母是以下述方式对儿童发挥影响的：他们一方面给儿童以爱，另一方面以惩罚相威胁，惩罚证明儿童失去了父母的爱，而儿童为了本身的利益必定会惧怕这些惩罚。这种现实性焦虑是以后的良心的焦虑的前身；只要这种现实性焦虑起支配作用，就用不着谈及超我和良心。只是到了后来，才形成这种继发性的情境（我们过分热心地把它当成正常的情境），这时外在的妨碍被内在化了，超我取代了父母的职位，像以前父母对待孩子那样，监视、控制和威胁自我。

这样超我就接管了父母这一审查机构的权力、功能甚至方法；然而超我不仅仅是合法继承人，事实上它也是父母这一审查机构的合法的肉体遗产。它直接产生于该审查机构，我们很快就会知道，通过什么样的过程。然而，我们首先必须讨论二者之间的差异。超我似乎只选择了父母这一审查机构的一个方面，即父母的严酷和严厉、他们的禁止与处罚的功能，而他们体贴入微的关怀似乎并没有被接受和继承。如果父母真的实行严格管理，那么我们很容易理解儿童为什么会形成严厉的超我；但是，与我们的预料相反，经验表明，即使父母对儿童的教育是和善的和亲切的，而且尽可能避免恐吓和处罚，超我也能够获得同样残忍严酷的特性。稍后，当我们论述超我形成期间的内驱力转换时，我们再来谈这个矛盾。

关于父母关系转换为超我这个问题，我只能告诉你们这么多，部分原因是这个过程很复杂，对它的阐述不属于我想给你们讲的导论的范围，而另一部分原因则是，我们自己并不认为我们已经完全洞察它。所以，你们应当满足于以下的概述。

这个过程的基础是一种所谓的认同，也就是说，一个自我使自己适应另一个自我，其结果是，第一个自我在某些方面像第二个自我那样行事，模仿后者，并在某种意义上将后者吸收到自身之中。有人曾恰当地把认同比作食人者吞食其他人的行为。认同是一个人依恋另一个人的一种很重要的形式，大概是最原始的形式，但它与客体选择不同。我们可以大致这样表达这二者的差异：如果一个男孩想同父亲融为一体，那么他想做父亲那样的人；如果他把父亲选作客体，那么他想拥有他、占有他。在第一种情况下，男孩的自我按照父亲的榜样加以改变；在第二种情况下，则无须这种改变。认同和客体选择在很大程度上是彼此独立的；然而，一个人也可以与另一个被他当作性对象的人同化，他的自我可以按照另一个人发生变化。据说性对象对自我产生影响的情况，特别经常地发生在女性身上，这是女性气质的特征。关于认同和客体选择之间的这种最富有教育意义的关系想必我在早先的演讲中已跟你们说过了。无论是在孩子还是在成人身上，无论是在正常人还是在患者那里，我们都很容易观察到这种关系。如果一个人失去了对象或不得不放弃它，那么他往往把自己等同于对象，并再次在他的自我中建立该对象，以此来补偿他的损失，因此我们可以说，在这种情况下，客体选择仿佛退化成认同。

我自己对这些关于认同的论述一点也不感到满意，不过，如果你们能够向我承认，我能够把超我的介入描述为一个对父母这一审查机构的认同的成功事例，那么上述论述也就足够了。

对这一观点起决定性作用的事实是，这个在自我内部新产生的具有更大权力的审查机构，与俄狄浦斯情结的命运有着非常密切的联系，其结果便是超我作为这种对于童年来说具有重要意义的情感依恋的继承人而出现。我们知道，随着俄狄浦斯情结的废弃，儿童肯定会放弃他曾经倾注于父母的那些强烈的客体投注，为了补偿这种客体损失，儿童就会大力加强那些也许早已存在于他的自我中的与父母的认同。这样的认同是已被放弃的客体投注的体现，它们将在儿童以后的生活中频繁地一再出现，不过，超我之所以能够在自我中获得一个特殊的地位，完全是它的情感价值发生了这样的转化的结果。深入细致的研究也告诉我们，如果俄狄浦斯情结的克服没有完全成功，超我的力量和发展就会逐渐枯萎。在发展过程中，超我也接受了那些取代父母地位的人，例如教育者、教师和理想的模范人物的影响。在通常情况下，它越来越远离原来的父母个体，也可以说，它变得更加一本正经了。我们不应当忘记，儿童在其不同的生命阶段对父母会有不同的评价。在俄狄浦斯情结让位于超我的时期，父母在儿童心目中是某种非常了不起的东西，但后来父母失去了大部分影响。然后，与这些后来的父母形象的认同也产生了，它们甚至常常对性格的形成产生重要的影响，但是它们只关系到自我，而不再影响超我，因为超我已被最早的父母想象所决定了。

我希望你们已经形成了一个印象，即超我的假设的确描述了一种结构关系，它不只是把某种诸如良心那样的抽象概念人格化。我们还要提一提我们分配给这个超我的一个重要功能。超我也是自我理想的载体，自我用它衡量自己，竭力仿效它，努力满足它所提出的不断完善的要求。毫无疑问，这个自我理想是儿童早先对父母的想象的体现，是儿童对当时认为父母具有的那种完美性的钦佩的表现。

我知道你们听说过很多关于自卑感的议论，据说自卑感恰恰是神经症患者的特征。它在所谓的纯文学里特别突出。一个使用自卑情结这个名词的作家以为这样做就满足了精神分析的所有要求，也就使他的描述提高到了一个更高的心理学水平。事实上，自卑情结这个人造词在精神分析中几乎不用。对我们来说，它不具有任何简易的、更不必说是基本的意义。所谓的个人心理学派喜欢把自卑情结归因于某些发生于器官萎缩的自我知觉，我们认为这是一种目光短浅的错误。自卑感有很强的性爱根源。一个孩子如果觉察到他不被人爱，就会感到自卑，成人也如此。唯一的确被视为低劣的器官是男孩的萎缩的阴茎和女孩的阴蒂。但是，自卑感的主要部分产生于自我和其超我的关系，正如负罪感是自我和超我之间紧张关系的表现一样。总之，我们很难把自卑感和负罪感区分开来。假若把自卑感看作是对道德上的自卑感的性爱补充，这也许是更加可取的。在精神分析中，我们很少注意这两个概念的界限问题。

正因为自卑情结变得如此流行，所以请允许我在这里给你们讲一点题外话。我们这个时代有一个历史人物——他还活着，但目前已退居幕后——他的某个肢体因出生时受到损伤而有点儿萎缩。有一位非常著名的当代作家，特别喜欢编纂名人的传记，他也论述了我刚刚提到的那位历史人物的生活（见埃米尔·路德维希所著《威廉二世》，1926）。要知道，今天如果有人想写一本传记，要想抑制深入挖掘心理的需要，可能是很困难的。因为这个原因，我们的作者进行了一个大胆的尝试，他把他的主人公的整个性格发展建立在想必是由那个身体的缺陷引起的自卑感的基础上。但是，他在这样做时却忽略了一个虽然微小却意义重大的事实。这事实就是：在通常情况下，当命运赐给母亲一个体弱多病或有其他身体缺陷的孩子时，她会以过分的爱去补偿孩子遭受的不公正的冷落。但在我们所谈到的这个例子中，那位自豪的母亲却采取了另一种行为：她因为孩子有身体缺陷而收回了对孩子的爱。当孩子变成一个拥有巨大权力的人物时，他用自己的行动明确地表示，他从未原谅自己的母亲。如果你们意识到母爱对儿童精神生活的重要性，你们定会在内心里对该传记作者的自我理论进行修正了。

现在我们返回来谈超我。我们已经把自我监视、良心和维护理想的功能分给了超我。根据我们对超我之产生的论述，它的产生以一个非常重要的生物学事实和一个像命运一样至关重要的心理学事实为前提，即人类儿童对父母的长期依赖和俄狄浦斯情结，这两个事实又紧密地相互结合起来。我们认为，超我代表了所有的道德限制，它是追求完美的维护者，简言之，它是我们从心理上能够把握的人类生活中的所谓较高层次的东西。由于它本身起源于父母、教育者和类似的人的影响，所以，如果我们探究它的这些由来，就会更好地理解它的重要性。通常父母以及类似于父母的权威人士，是根据他们自己的超我的准则来教育儿童的。尽管他们的自我和他们的超我经常发生争论，他们在教育儿童时都是严厉的和苛求的。他们已经忘记了他们自己童年时期的种种困难，并对自己现在能够完全和自己的父母打成一片感到满意，他们的父母过去也曾将严厉的限制强加于他们。因此，儿童的超我其实不是按照父母的榜样，而是按照父母的超我的榜样建立起来的；儿童的超我具有和父母的超我相同的内容，它成为传统和所有永恒的价值判断的载体，这些价值判断通过各种途径世代相传。你们很容易猜测到，对于我们理解人类的社会行为，例如理解堕落来说，如果考虑到超我的作用，会给我们提供何等重要的帮助，也许还会为我们的教育提供何等实用的提示。那些所谓的唯物主义的历史观察之所以犯错,原因很可能是低估了超我这个因素。它们把超我这个因素搁置一旁,指出人们的"意识形态"不过是他们现实经济情况的结果和上层建筑。这是真理,但很可能不是全部的真理。人类从未完全生活在当代中,过去、种族和民族的传统继续活在超我的意识形态中,它们只是缓慢地屈服于当代的影响和新的变化;只要它通过超我产生影响,它就会在人类的生活中起到一个强大的、不受经济条件影响的作用。

在1921年,我曾试图利用自我和超我的差异来研究大众心理学。我得出了这样一个公式:一个心理群体是许多个体的联合,这些个体把与之相同的人引入他们的超我,并且根据这种共同性在他们的自我中相互认同。当然,这种心理群众只适用于有领袖的群体。如果我们具有更多这类应用,那么我们对超我的假设就不会感到诧异了。如果我们习惯于心理的底层氛围,活动在心理结构的更为表面和更高的层次里,那么我们就会完全摆脱至今仍侵害我们的那种拘束。当然,我们并不认为,分离出超我意味着自我心理学的问题彻底解决了。相反,这才刚刚开始,不过在这种情况下,不仅是万事开头难。

然而,在自我的可以说是相反的一端,有另一个任务在等待我们去解决。这个任务是我们在分析工作过程中进行观察时提出的,这观察实际上是相当古老的。正如有时会发生的那样,我们花了很长的时间才下决心认识这项任务的重要性。正如你们所知,全部精神分析研究理论,事实上是建立在对阻抗的感知的基础上的。当我们试图使患者意识到他的无意识时,他就会作出这种阻抗。这种阻抗的客体标志是,患者的联想失灵,或者远离那个正被探讨的题目。他也可能在主观上辨认出阻抗,其根据是,当他接近论题时,他会有痛苦的感觉。但是,这最后一种标志也可能不存在。然后我们对患者说,我们从他的行为推断，他现在正处于阻抗的状态，他回答说，他对此一无所知，他只觉察到他的联想变得困难了。这说明我们的看法是对的，但是在这种情况下，他的阻抗也是无意识的，就像被压抑的东西——我们正在研究如何把它提升到意识里——是无意识的一样。我们本该早就提出这个问题：这种无意识的阻抗产生于他的精神生活的哪一部分？精神分析的初学者马上就会回答，当然是无意识的阻抗。这是一种模棱两可的和无用的回答！如果有人认为阻抗从被压抑的东西中产生，那么我们就得对他说：肯定不是！相反，我们必须认为被压抑的东西具有一种强大的浮力，具有一种努力进入意识状态的渴望。阻抗只能是自我的一种表现，自我最初实行压抑，现在则希望维持压抑。过去我们一直是这样理解自我的。自从我们假设在自我中有一个代表那些具有限制和拒绝含义的要求的审查机构即超我以来，我们可以说，压抑是这个超我的工作，超我要么亲自实施压抑，要么由服从它的自我以它的名义实施压抑。假若我们在分析时遇到的阻抗未被患者意识到，这就意味着在某些非常重要的情况下，要么超我和自我都能无意识地进行工作，要么——这也许更重要——这两者即自我和超我本身的某些部分，都是无意识的。在这两种情况下，我们必须注意到以下这个令人不愉快的认识，即一方面是（超）自我和意识，另一方面是被压抑的东西和无意识，绝对不会同时发生。

女士们、先生们！我感到需要稍歇片刻，你们对此也会表示欢迎，而且在我继续讲之前，我要向你们表示歉意。我想对你们说，我打算对我在十五年前开始讲的精神分析引论作某些补充，为此我不得不采取这样的态度，仿佛你们在这段时间里和我一样只从事精神分析研究。我知道，这是一种不礼貌的过分要求，但是我没有办法，我只能这样做。这种情况无疑与下述事实有关，即一般说来，要让一个本身不是精神分析师的人理解精神分析是很困难的。当我告诉你们，我们不喜欢给人以这样的印象，仿佛我们是一种秘密社团的成员，而且从事神秘科学，你们可能会相信我所说的话。但是，我们必须认识到，谁要是没有获得只有通过自我分析才能获得的某些确定的经验，他就无权对精神分析指手画脚，这就是我们的信念。十五年前，当我向你们发表演讲时，为了不打扰你们，我曾省略了我们的理论的某些思辨部分，但是，我今天所要讲的那些新的收获，恰恰和这些思辨部分有联系。

现在言归正传。当人们对自我和超我本身是否是无意识的还是只能发挥无意识的作用拿不准的时候，我们有充分的理由赞成前一种可能性。事实确实如此，大部分自我和超我可以保持无意识状态，而且在正常情况下是无意识的。这就是说，个体对它们的内容一无所知，需要花费力气才能意识到它们。事实上，自我和意识，被压抑的东西和无意识，并不是同时发生的。我们有必要彻底修正我们对意识—无意识问题的态度。当初，我们倾向于大力贬低意识这一准则的价值，因为它已经证明自己非常不可靠。但是我们对意识的评价似乎是不公正的。如同我们的生命一样，这一准则的价值尽管不是很大，却是我们所具有的一切。没有意识质量这盏灯，我们就会迷失在深层心理学的黑暗之中；不过我们可以设法重新找到我们的方向。

关于什么是意识的这个问题，我们无须进行讨论，因为它的含义是一清二楚的；"无意识"这个词的最古老、最恰当的意义是描述性的。我们把这样一种心理过程称作是无意识的，我们不得不假设该心理过程的存在，大致的原因是，我们从它的效果中推断出它，但我们对它却一无所知。那样的话，我们与它的关系就像我们与另一个人的心理过程的关系一样，所不同的是，它就是我们自己的一个心理过程。如果我们想要作出更正确的解释，我们就需要修改我们的见解，即我们必须假定某一过程在此时此刻被激活，尽管我们此时此刻对它一无所知，于是我们便称该过程是无意识的。这个限定使我们想到，大多数的意识过程只是短时间地成为意识的，它们很快就会成为潜在的，但是又很容易再度成为意识的。我们也可以说，假若可以肯定，这些意识过程在潜伏状态下仍是某种心理的东西，那么它们已经变成无意识了。到目前为止，我们似乎没有获悉什么新东西，也没有获得将无意识的概念引入心理学的权利。但是我们对那些失误却能获得新的经验。例如，为了解释某种口误，我们不得不假设，在当事人心中已经形成某种言语意图。我们从突然发生的言语失灵中肯定能够猜出该意图，但是它并没有得到实现，所以它是无意识的。如果我们事后把该意图告诉讲话者，他会承认他熟悉它，这说明该意图只是暂时是无意识的；但是，如果他觉得该意图与他格格不入而加以否认，那么它就永远是无意识的了。根据这种经验，我们也有权把前面被称作是潜在的东西宣布为无意识的东西。考虑到这些动态的关系，我们现在可以区分两类无意识：一类在经常发生的情况下很容易转化为有意识的东西；而另一类很难发生这种转化，只有付出巨大的努力才有希望，或者完全不可能发生这种转化。在使用“无意识”这个词时，为了避免一语双关，为了区分不同类型的无意识，为了在使用上把描述意义上的无意识和动态意义上的无意识区分开来，我们使用了一种可允许的和简单的方法。我们把那种只是潜在的因而容易成为意识的无意识称为“前意识”，而把“无意识”这个名称留给另一类无意识。我们现在有了三个术语：意识、前意识和无意识，这三个术语足以描述各种心理现象了。再重复一遍：在纯粹的描述意义上，前意识也是无意识，但我们不赋予它这个名称，除了在随便的（不严格的）描述中，或者当我们必须为精神生活中存在着一般意义上的无意识过程辩护的时候。

我希望你们会承认，到目前为止，我的见解还不太令人讨厌，可以方便地使用。的确是这样，然而遗憾的是，精神分析的工作已经不得不在另一种即第三种意义上使用无意识这个词了，而这样做很有可能造成了混乱。我们获得了一种新的、强有力的印象，即精神生活的一个广泛而重要的领域通常没有被自我认识到，所以在真正动态的意义上，我们必须把精神生活中的这些过程看作是无意识的过程，我们也从一种场所论的或系统的意义上理解“无意识”这个术语，我们已经开始谈论前意识的系统和无意识的系统，谈论自我和无意识系统的冲突，并越来越多地用无意识这个词表示一种精神的偏僻地区，而不是心灵的一种技能。自我和超我的某些部分在动态的意义上也是无意识的，这一发现原本是令人厌烦的，但在这里却使人轻松愉快，它允许我们消除麻烦。我们认识到，我们无权把与自我格格不入的精神领域称为无意识的系统，因为无意识性并非是无意识系统的唯一的特性。好吧，我们不再从系统的意义上使用“无意识”这个词，同时我们要给予目前为止一直使用的无意识系统一个更好的、不再会产生误解的名称。仿效尼采的语言表达习惯，并根据德国医生格奥尔格·格罗德克（Georg Groddeck）于1923年提出的一个建议，我们今后把无意识称为“本我”（Es）。这个无人称代词似乎特别适合于表达这一精神领域的主要特性，即它和自我的格格不入。超我、自我和本我，这三个构成人的心理结构王国、领域和偏僻地区，在下面的讨论中，我们将涉及它们的相互关系。

在此之前我想作一简短的说明。我猜想你们对我的上述说法并不满意，因为意识的三种性质和心理结构的研究领域并没结合成为三个和平相处的对子，因此你们认为这一点有可能使我们的结果暗淡。然而，我认为我们不应该为此感到遗憾，我们应该对自己说，我们无权期望这样一种完美的安排。请允许我打一个比喻；的确，比喻并不能决定什么，但是它们能让我们感到更加温馨。我正在想象一个地形多样的国家，它不仅有丘陵、平原，还有一连串的湖泊；这里混居着多个民族，有德国人、马扎尔人和斯洛伐克人，他们从事各种不同的活动。现在他们的分布情况大致如下：德国人生活在丘陵地区，从事畜牧业；马扎尔人生活在平原地区，种植谷物和葡萄；斯洛伐克人住在湖泊边，捕鱼和编扎芦苇。如果这种分布完美无缺，美国总统威尔逊定会感到高兴；地理课的讲授也就方便了。然而，如果你们到这些地区去旅行的话，你们可能会发现那里缺少的是秩序，更多的却是混杂。德国人、马扎尔人和斯洛伐克人到处混合居住；在山区也有农田，在平原也饲养牲畜。有些事情当然和你们所期望的一样，即在山上是捉不到鱼的，在水里是长不出葡萄的。的确，你们随身带来的这一地区的照片，总的说来可能是对的，但你们也要容忍细节上的偏差。

关于本我，除了它的这个新名称之外，你们不要希望我给你们讲许多新的东西。本我是我们的个性隐秘的、不易接近的部分；我们对它知之甚少，只是在研究梦的工作和神经症症状形成的时候，我们才对它略知一二；在大多数情况下，本我具有否定的性质，只可以描述为是自我的对立物。我们是用比喻去探讨本我的，我们把它称为一口充满沸腾着各种兴奋的大锅。我们设想，本我归根到底是对躯体开放的，并从那里吸取了各种内驱力需要，使它们获得了心理的表现，但是我们无法说明它以什么样的基质表现出来。本我充满了由各种内驱力提供的能量，但它没有组织，也不筹集总体意志，它只遵循愉悦原则，努力满足各种内驱力的需要。在本我的过程中，逻辑的思维法则，尤其是矛盾的定理是不起作用的。对立的冲动并不彼此抵消或减弱，而是并列存在，至多在起支配作用的经济压力下，为了有助于能量的释放，对立的冲动会聚在一起，以达成某种妥协。在本我中并不存在可以等同于否定的东西；我们惊奇地发现，哲学家们关于空间和时间是我们的心理行为的必要形式的论断，在这里却成了例外。在本我中没有什么相当于时间观念的东西，本我不承认时间的顺序，而最引人注意和需要用哲学思维加以强调的东西，则是在心理的过程中，时间的顺序并没有造成任何变化。那些从未超越本我的愿望冲动，甚至那些由于压抑而沉入本我中的印象，有可能是不朽的；即便经过数十年之后，这些印象仿佛是新近才发生似的。只有通过分析工作使它们被意识到之后，它们才能表现为过去的东西，才会失去自己的价值，才会被剥夺自己的能量投注，分析治疗的治疗效果在很大的程度上依赖于上述情况。

我一再有这样一个印象，即我们很少把时间无法改变被压抑的东西这一毫无疑问的事实应用于我们的理论。这个事实似乎为我们获得最深刻的认识提供了一个入口，可惜我也对此没有取得进展。

当然，本我不知道价值判断，它不知道善和恶，也不知道道德。经济的因素，或者如果你们愿意的话，数量的因素，与愉悦原则有密切的联系，它支配着所有的过程。渴望释放的内驱力投注，在我们看来，这就是本我中存在的一切。我们甚至觉得，这些驱力冲动的能量处于一种与心理的其他领域不同的状态，它更好动，更容易释放，因为否则的话，那些置换和凝缩就不会发生，它们是本我的特征，而且完全不计较被投注的东西的性质——在自我中我们可能把它称为一种观念。因此，如果我们能更多地了解这些事情，我们就会作出某种贡献！顺便提一下，你们看出，我们有能力把除无意识这一特性之外的其他特性归于本我，你们也可能认识到，自我和超我的某些部分是无意识的，它们并不具有与本我相同的原始的、非理性的性质。如果我们考察自我与心理结构的最外在的表面部分——我们把它称为知觉—意识体系——的关系，我们就可以把自我与本我和超我区分开来，从而最快地揭示真正的自我的种种特征。知觉—意识这个体系是转向外部世界的，它促成对外部世界的感知，在其发挥功能期间，意识的现象便在知觉—意识这个体系中产生。它是整个心理结构的感觉器官，顺便提一下，它不仅容易接受来自外界的刺激，而且也容易接受产生于精神生活的内部的刺激。这种见解几乎用不着申辩，自我是本我的那一部分，这一部分由于接近外部世界和受到外部世界的影响而发生变化，它变得适合于接纳刺激和防护刺激，我们可以把它比作把一小块活的物质包围起来的树皮层。与外界的关系对自我而言已成为决定性的因素；它承担了把外部世界呈现给本我的任务，这是本我的福气，因为当本我盲目地追求内驱力满足的时候，并没有考虑到这个过分强大的外部力量，因而避免不了自身的毁灭。在实现这个功能时，自我必须观察外部世界，必须把外部世界的忠实图像贮存在自己的知觉的记忆痕迹中，并通过现实检验的活动排除附加在外部世界的这个图景上的来自内部的兴奋源的成分。自我受本我的委托控制住通向运动机能的通道；但是在需要和行动之间，自我插入了延缓的思想工作，在这期间，自我利用了经验的记忆残余。自我以这种方式废黜了无限制地控制着本我中的事件过程的愉悦原则，而代之以预示着更多的可靠性和更大的成功的现实原则。

很难加以描述的与时间的关系，也通过知觉系统介绍给了自我；几乎不用怀疑，知觉系统的工作方式为时间观念提供了起源。但是，自我不同于本我，其典型特征是，自我能综合其内容，能归纳并统一其心理过程，而本我却不能。我们不久就要讨论精神生活中的那些内驱力，我希望我们将成功地找到自我的这个基本特性的根源。自我独自建立了它为获取自己的最好成绩所需要的高度的组织。自我从感知内驱力发展到控制内驱力，但是要想控制内驱力，自我就必须作为内驱力的（心理）代表，把自己列入一个较大的社团，纳入一个关系中。如果我们适应通俗的说法，我们可以说，精神生活中的自我代表理性和谨慎，而本我代表难以抑制的激情。

到目前为止，通过列举自我的那些优点和能力，我们获得了深刻的印象；现在可以考虑自我的不利的一面了。自我毕竟只是本我的一部分，这一部分由于接近饱含危险的外部世界而发生了合乎目的的变化。从动态的观点来看，它是软弱的，它从本我中借来了能量。我们并非完全没有认识到这些可以称为诡计的方法，自我用这些方法进一步从本我中收回了一些能量。例如，这些方法中的一种就是自我把自己等同于保留下来的或被放弃的客体。这些客体投注来自本我的内驱力需要。自我必须首先意识到它们，但是由于自我使自己等同于客体，它便取代了客体，并使自己受到本我的欢迎，想要把本我的力比多转向自己。我们在前面已经听说，自我在生命的过程中把大量从前的客体投注的沉淀物吸收到自身之中。总的来说，自我必须执行本我的意图，它通过找到能使本我的意图很好地实现的各种情况来完成这一任务。我们可以把自我同本我的关系比作骑手与马的关系。马为运动提供能量，骑手有权决定运动的目标和指导这个强壮的动物的运动。但是在自我和本我之间却经常出现不理想的情况：骑手不得不把骏马引向它自己想去的地方。

自我通过压抑所产生的阻抗从本我的一部分中分离了出来。但是压抑并没有延伸到本我，所以被压抑的东西便和其余的本我交融在一起。

有一句谚语告诫我们：一仆不能同时服侍两个主人。然而可怜的自我的处境更加艰难：它服侍着三个严厉的主人，而且力求使他们的要求和需要相互协调一致。这些要求总是分道扬镳，并且似乎常常互不相容；难怪自我经常不能完成自己的任务。这三个专制的主人就是外部世界、超我和本我。如果我们密切注视自我如何努力同时满足这三位主人，更确切地说，如何同时对这三位主人言听计从，我们就不会对把这个自我人格化并把它视为一种特殊的存在感到懊悔了。自我感到自己受到三方面的限制，受到三种危险的威胁，一旦陷入困难，自我就会用焦虑泛化对这三种危险作出反应。由于自我来源于知觉系统的经验，所以它的使命在于代表外部世界的各种要求，但是它也力求成为本我的忠实奴仆，与本我和睦相处，把自己作为客体推荐给本我，并把本我的力比多吸引到自己的身上。自我努力在本我和现实之间进行斡旋，所以它往往不得不以自己的前意识合理化来掩盖无意识的指示，以隐瞒本我和现实的冲突；甚至当本我固执己见，不肯让步时，它会采用圆滑的外交手段，假装顾及了现实。另一方面，它到处受到严厉的超我的监视，超我为自我制定了某些行为准则，不顾及来自本我和外部世界的种种困难，一旦自我不遵守这些准则，超我就会用自卑的紧张感和负罪感来处罚自我。就这样，自我被本我驱使，被超我约束，被现实唾弃，尽管这样，自我仍力争完成它的经济任务，努力在那些在它自身和对它产生作用的力量和影响之间建立融洽的关系。现在我们能理解，为什么我们常常会抑制不住地呼喊：“生活多么不容易啊！”如果自我不得不承认它的软弱，它就会突然产生焦虑，对外部世界产生现实性焦虑，对超我产生良心的焦虑，对本我中的强烈激情产生神经症焦虑。

我刚才向你们阐明了心理人格的结构关系，现在我想用一幅简单的草图描述这些结构关系：

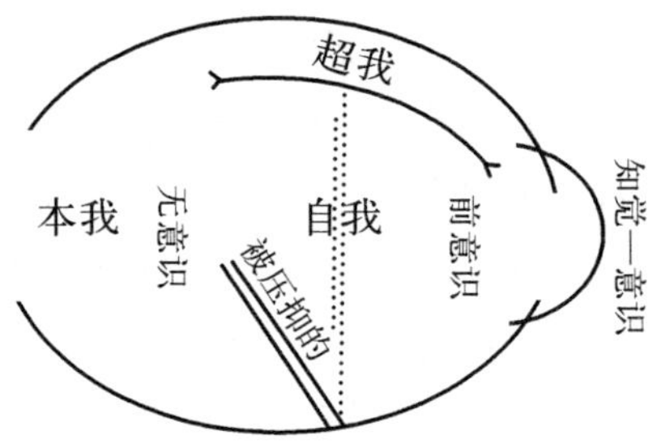

正如你们在图中所看到的，超我潜入本我；的确，作为俄狄浦斯情结的继承者，超我与本我有十分密切的关系；超我与知觉系统的距离，要比自我与知觉体系的距离更远。本我只有通过自我才能与外部世界发生交往，至少按这个图表来说是如此。目前要说这幅草图有多少正确性，当然是很困难的；不过草图上有一点无疑是错误的，即无意识的本我所占据的空间，应该无可比拟地大于自我或前意识所占据的空间。我请求你们在你们的思想中纠正这一错误。

在结束这些肯定使你们疲劳、也许并不一目了然的论述之前，我还想对诸位提出一个劝告！在把人格区分为自我、超我和本我时，你们肯定不会想到像政治地理学中人为绘制的那些明显的界线。运用素描或原始绘画中的那些线条轮廓，是不可能恰当地描绘出心灵特征的；相反，我们应该像现代画家那样，采用使各种色彩区变得模糊起来的方法。在完成这一区分之后，我们又得让被区分的东西重新交融在一起。要想直观地表现很难领会的心理过程的确不易，所以你们对我们用图表再现心理过程的最初尝试的评价不要太苛刻了。这些区分的产生，很有可能因人而异；在行使职务的时候，它们甚至有可能发生变化，而且暂时处于退化状态。特别对种系发生过程中最后产生的也是最棘手的自我和超我的分化来说，发生此类事看来是正确的。毫无疑问，心理疾病也能引起同样的分化。不难想象，施行某些神秘的伎俩，有可能成功地彻底改变不同心理领域之间的正常关系，例如，使知觉能够控制在自我深处和本我中发生的情况，而在其他情况下，知觉是难以接近这些情况的。我们通过这种途径是否能够获得那些最终的智慧——人们指望这些智慧能使所有的人得到幸福——对此我们可以放心地表示怀疑。尽管如此，我们想要承认，精神分析的治疗努力已经为自己选择了一种类似的薄弱环节。这种努力，其意图是增强自我，使自我更独立于超我，加宽它的知觉领域，扩大它的组织，以便它能够侵占本我的新领地。本我所在之处，应该成为自我的领地。

这是一种文化工作，有点儿像把须德海的海水排干[1]。

1 须德海（Zuydersee）原为北海的海湾，位于荷兰西北部，1932 年，荷兰人建成长 29 公里、宽 90 米、高出海面 7 米的堤坝，把须德海同北海分开，须德海内部相当大一部分的水已被排干，改造成了圩田。——译注

第三十二讲　焦虑与内驱力生活

女士们、先生们！关于我们对焦虑和精神生活的基本内驱力的见解，我还要告知你们一些新东西，但是这些新东西中没有一个可以被看作是这些悬而未决的问题的最后的解决办法，当你们听到这个消息的时候，你们千万不要感到惊讶。我在这里谈及这些见解，是有一定目的的。这是一些我们所面临的最艰巨的任务，但是难度并不在于观察资料的不充分；事实上，让我们猜的那些谜，恰恰是一些最常见的、我们最熟悉的现象；难度也不在于这些现象所引起的各种思辨的冷僻；思辨性处理在这个领域中是很少予以考虑的。相反，真正的困难在于这涉及一些见解，即涉及需要采用一些恰当的抽象观念，只要把这些观念应用于观察的原材料，就会在原材料中产生秩序和透明度。

我在以前的演讲的第二十五讲中已经讨论过焦虑的问题。我得简要地重复这一讲的内容。我们曾经说过，焦虑是一种感情状态，也就是说，是愉悦—不愉悦系列的某些感受的一种结合体，它具有与这些感受相符合的释放性神经分布和对这些神经分布的知觉。但它也可能是某种很有意义的事件的沉淀物，通过遗传而获得，我们可以把它比作个体通过遗传所获得的癔症的发作。我们认为，出生这件事就是那个留下了这种焦虑性情感痕迹的事件，因为在出生的时候，焦虑特别容易对心脏活动和呼吸产生影响。因此，这种最初的焦虑似乎是有害的。我们首先要把现实性焦虑同神经症性焦虑区别开来，前者是对一种危险的反应，这一点我们似乎能够理解，也就是说，是对来自外部的可预料到的伤害的反应；而后者则完全莫名其妙，而且是毫无意义的。在分析现实性焦虑时，我们把它压缩到提高了的感觉机能的注意力和运动机能的紧张这种状态，我们把这种状态称为“焦虑的准备”。焦虑反应就是从这种状态中发展起来的。焦虑反应有可能产生两种结局。一种是：焦虑泛化，它是旧日的创伤性经历的重演，所以只局限于一种信号，在这种情况下，其余的反应可以使自己适应新的危险情况，要么逃之夭夭，要么进行自卫。另一种是：旧的习惯保持优势，整个反应仅限于焦虑泛化，在这种情况下，焦虑这种情感状态就会麻木，这对目前情况是不实用的。

接着我们转向了神经症性焦虑，并且指出了我们观察它时出现的三种情况。首先，我们发现它是一种自由漂浮的、一般的焦虑，它准备好暂时使自己与那种新近出现的可能性，即所谓的“预期性焦虑”相结合，例如典型的焦虑性神经症。其次，我们发现这种焦虑牢固地依附于那些所谓的恐怖症中的某些观念内容，我们虽然还可以看出恐怖症和外界的危险有某种关系，但是我们不得不认为，这种对外界的危险的恐惧被极度地夸大了。最后，我们发现这种焦虑出现在癔症和其他严重的神经症之中，在这些疾病中，焦虑要么伴随着各种症状，要么单独出现，表现为一次性的发作或较持久的状态，但是外部的危险始终不是发生这种情况的明显原因。于是，我们向自己提出两个问题：人们在产生神经症性焦虑时所害怕的是什么？我们如何能把神经症性焦虑和由于外来的危险而产生的现实性焦虑联系起来呢？

我们的研究并非徒劳无功，我们已经取得了一些重要的启迪。临床经验表明，焦虑性期望与性生活中的力比多预算有着经常的联系。焦虑性神经症的最普遍的起因就是受挫的兴奋。力比多兴奋被唤起了，但是并未得到满足和利用，于是取代这种得不到利用的力比多的忧虑便产生了。我甚至有理由说，这种得不到满足的力比多直接转变成了焦虑。这种见解在幼儿的某些频繁出现的恐怖症中得到了支持。这些恐怖症中有许多对我们来说是非常神秘的，但是其他恐怖症，例如对独居和陌生人的畏惧，无疑是可以解释的。孤独以及陌生人的脸唤起儿童对熟悉的母亲的思念。他无力控制这种力比多兴奋，也不能使它悬在空中，而是把它转变为焦虑。所以，儿童的这种焦虑并不是现实性焦虑，而应算作是神经症性焦虑。这些儿童的恐怖症和焦虑性神经症的焦虑性预期为我们提供了神经症性焦虑产生方式的两个实例：通过力比多的直接转化。我们马上就会了解神经症性焦虑产生的第二种机制，你们将会发现，它和第一种机制并无很大的区别。

我们认为，压抑的过程对焦虑性癔症和其他神经症负有责任。我们认为，只要把那个有待压抑的观念的命运与依附于这一观念的力比多部分的命运区分开来，我们就能比过去更加完整地描述压抑这个过程。受到压抑的观念有可能被歪曲到不能辨认的程度；但是它的情感部分却往往转变成焦虑，不管这种情感部分的性质可能是什么，不管它是攻击还是爱情。力比多部分由于什么样的原因而变得无法利用，这里不存在本质的区别，它或者是由于自我在童年时期的软弱，如在儿童的恐怖症中那样；或者由于性生活中的那些躯体的过程，如在焦虑性神经症中那样；或者由于压抑，如在癔症中那样。由此看来，神经症性焦虑产生的这两种机制其实是同时发生的。

在进行这些研究的时候，我们注意到焦虑泛化和症状形成之间存在着一种极为重要的关系，即二者是互相代替和接替的。

例如，一个患广场恐怖症的患者是由于在某条街上突然产生焦虑而开始他的苦难历史的。以后，每当他再次走进那条街道时，焦虑就会重现。就这样，他形成了街道焦虑的症状，我们也可以把这种症状称为一种阻碍，或自我的功能限制，患者借助这种限制使自己避免了焦虑发作。如果我们干预症状的形成，例如在强迫性行为的情况下是可能做到的，我们就可以看到相反的情况。如果我们妨碍患者进行洗涤仪式，他就会陷入一种难以忍受的焦虑状态，显然他的症状曾经使他避免了这种焦虑状态。所以，焦虑泛化似乎较先出现，而症状形成似乎是后来的事，仿佛症状就是为了避免焦虑状态的突发而产生的。此外，有一点是可以肯定的，即童年时期的最初的神经症是恐怖症；有一些情况清楚地表明，最初的焦虑泛化怎样被后来的症状形成所取代。我们感觉到，为了理解神经症性焦虑，最好的办法是研究上述的这些关系。与此同时，我们也成功地回答了神经症性焦虑患者害怕什么的问题，从而建立了神经症性焦虑和现实性焦虑之间的联系。神经症性焦虑患者所害怕的显然是他自己的力比多。神经症性焦虑和现实性焦虑之间的区别在于前者的危险来自内部而非外部，而且这种危险是意识不到的。

在各种恐怖症中，我们可以清楚地认识到这种内部的危险如何转化为外部的危险，也就是说，神经症性焦虑如何转化为表面上的现实性焦虑。为了简化一种往往非常复杂的事态，我们假定广场恐怖症患者所害怕的常常是由于他在那条街上遇见什么人而在他内心里产生的那些使他心情不平静的诱惑。他由于恐惧而采取了一种置换，所以从此以后他所害怕的就是某种外部情况了。通过置换，他显然获得了好处，他以为这样就能更好地保护自己。通过逃跑，人们能从外部危险中解救自己，但是试图通过逃跑避免内部危险则是一种困难的行动。

我在结束我当时关于焦虑的演讲的时候，曾亲自表达了这样的判断，即我们的研究的这些不同结果虽然相互并不矛盾，但不知怎的，它们却不能相互协调起来。焦虑作为一种情感状态，是从前的一件面临危险的意外事件的翻版，焦虑为自我保护效劳，而且是某种新出现的危险的信号，它起源于以某种方式变得无法利用的力比多，同时，也产生于压抑的过程中；它被症状的形成所取代，仿佛受到心理上的约束——我们感到这里缺少某种把各部分变为一个统一体的东西。

女士们、先生们！在上次演讲中，我曾把精神人格分成超我、自我和本我，这种分法也迫使我们对焦虑的问题重新考虑定向。根据自我是唯一的焦虑场所这一判断，只有自我能够产生和感觉到焦虑，于是我们采取了一种新的、固定的立场，按照这种立场，某些情况将会展现出另外一种面貌。的确，当谈到"本我的焦虑"时，或把焦虑的能力归于超我时，我们似乎不知道这到底有什么样的意义。与此相反，焦虑的三种主要类型，即现实性焦虑、神经症性焦虑和良心焦虑，很自然地与自我的三种依赖关系，即依赖外部世界、本我和超我联系起来，我们对这种符合期望的配合表示欢迎。根据这种新的见解，焦虑作为通告一种危险情况的信号这一功能（是的，这种功能我们以前并不陌生）也成为众人注意的中心，而焦虑由什么样的材料构成的问题则不再引人注目了。另外，现实性焦虑和神经症性焦虑之间的关系出人意料地得到澄清和简化了。此外，值得注意的是，我们现在更加了解焦虑产生的那些看似复杂的情况，而在此之前焦虑产生的情况则被认为是简单的。

我们再次研究了焦虑在某些恐怖症——我们将它们归入焦虑性癔症——中如何产生的问题，为此我们选择了若干病例，在这些病例中，问题涉及从俄狄浦斯情结中产生的各种愿望性冲动的典型压抑。按照我们的期待，我们应该能够发现，上述情结是男孩对母亲这一客体的力比多投注，这投注由于受到压抑而转变成焦虑，接着焦虑表现为症状，并依恋于作为母亲替代者的父亲。我不可能向你们演示这类研究的详细步骤，够了，与我们的期待相反，我们的研究得出了令人吃惊的结果。并不是压抑引起了焦虑，焦虑早在压抑之前就存在了，所以，是焦虑造成了压抑！但是，这会是什么样的焦虑呢？只可能是一种对眼看就要发生的外部危险的焦虑，即现实性焦虑。男孩的确是在面对他的力比多的要求时感到焦虑的，在这种情况下，男孩是因为爱上母亲而感到焦虑的，所以这的确是神经症性焦虑的一个病例。但是，在男孩看来，这种对母亲的恋情是一种内部危险，他必须通过放弃母亲这个客体来避免这种危险，因为对母亲的恋情招致了某种外部的危险情况。在我们所研究的每一个病例中，都得到了同样的结果。但是，我们应当承认，我们当时并未料到，内部的内驱力危险会被证明是外部的现实的危险情况的一种条件和准备。

然而，迄今为止，我们压根儿没有谈到，作为男孩与母亲的恋情的结果而被男孩所害怕的，是一种什么样的现实危险。这种危险就是被阉割的惩罚，也就是失去生殖器的惩罚。当然，你们会提出不同的意见，说那毕竟不是现实的危险；我们的男孩并没有因为他们在俄狄浦斯情结的阶段爱上了母亲而被阉割。不过问题是不可能这么简单就解决了的。首先，问题并不在于男孩是否真的被阉割；具有决定意义的是，这种危险是一种来自外部的危险，而且男孩相信这种危险。我们这样说是有某些理由的，因为在男孩的阴茎期，在他的早期手淫阶段，人们常常以剪掉他的生殖器来威胁他；而且从种系发生的观点来看，这种惩罚的暗示一定会在他身上得到强化。我们猜测，在人类家庭的原始时期，忌妒而残忍的父亲的确对逐渐成长起来的男孩实施过阉割。而在原始人那里经常作为成年仪式的一个组成部分的割礼，则是一种可以轻易辨认出的阉割的遗风。我们知道，我们因此多么背离一般的看法，但是我们必须坚持己见，即阉割焦虑是压抑从而也是神经症形成的最常见和最强有力的动力之一。在某些病例中，割礼——虽然不是阉割——作为对手淫的治疗或惩罚（这种现象在欧美社会中经常发生）已经对男孩实行了，对这些病例的分析最终证明了我们的信念的可靠性。在这里我很想进一步仔细研究阉割情结，但是我想扣住我们的主题。阉割焦虑并不是压抑的唯一动机，的确，在一些女人身上已经不存在阉割焦虑，她们虽然也有阉割情结，但不会有阉割焦虑。在男人身上，取代阉割焦虑的是对失恋的焦虑，这种焦虑显然是婴儿发现母亲不在身边时产生的焦虑的延续。你们将会认识到，由这种焦虑显示的危险情况是多么真实。当母亲不在场或母亲收回了她对孩子的爱的时候，孩子就会不再确信自己的需要能够得到满足，因而很可能陷入种种非常令人难堪的紧张情绪之中。你们千万不要断然拒绝以下这个观念，即这些焦虑性条件其实是婴儿诞生时的原始焦虑状况的重演，的确，这种原始的焦虑状况也意味着孩子与母亲分手。如果你们遵循费伦齐于1925年提出的一个思路，你们也会把阉割焦虑归入这一系列，因为失去男性生殖器的后果，就是在性行为中不可能与母亲或她的替代者重新结合在一起。顺便提一下，返回母亲的子宫里这种很常见的幻想是这种交媾愿望的替代物。在这方面，我还可以告诉你们许多饶有趣味的事情和令人吃惊的关系，但我不能超出精神分析引论的范围。我只想再次提醒诸位注意，在这里，心理学的研究结果正推进到生物学的事实。

1924年，对精神分析作出许多杰出贡献的奥托·兰克也曾强调指出诞生行为和与母亲分离的意义，这是他的功劳。不过我们大家觉得，他从这个因素为神经症的理论，甚至为分析疗法得出的那些极端推论，却是不能接受的。他那时已经找到了他的学说的核心，即出生时的焦虑体验是以后所有危险情况的榜样。只要稍许分析一下这些危险情况，我们便可以说，事实上每一个发育期都被分配给了一定的焦虑条件，即与发育期相应的危险情况。心理上束手无策的危险适应于自我早期的不成熟阶段；失去客体或失去爱的危险适应于童年期最初几年的儿童对父母的依赖；阉割的危险适应于阴茎期；最后，对超我的恐惧，它占有特殊的位置，则适应于潜伏期。随着发展的进程，早先的那些焦虑条件会被放弃，因为与这些焦虑条件相适应的危险情况由于自我的壮大而失去继续作用的价值。但是这种情况恰恰是以很不完美的方式存在着。许多人不可能克服对失去爱的恐惧，他们从来没有完全独立于别人的爱，而是在这一点上继续他们的童年行为。对超我的畏惧在正常情况下是不会结束的，因为它作为良心的焦虑在社会关系中是不可缺少的，而个体只有在非常罕见的情况下才有可能独立于人类的集体而存在。某些早先的危险情况也懂得通过合乎时势地修改自己的焦虑条件使自己过渡到后期阶段。例如，阉割的危险在梅毒恐怖症的掩盖下保持下来。成年人虽然知道阉割已不再是对放纵性欲望的惩罚，但是他也已经认识到，这样的内驱力自由会受到各种严重疾病的威胁。毋庸置疑，那些被我们称为神经症患者的人，对待危险的态度仍和幼儿一样，而且尚未克服那些因超过法定期限而失效的焦虑条件。我们不妨假设，这的确有助于说明神经症患者的特征，但是要说明情况为什么会这样，那就不那么容易了。

我希望你们并没有失去概括能力，而且你们还知道，我们正在研究焦虑与压抑之间的各种关系。在这方面，我们已经获悉两种新情况：首先，焦虑造成压抑，而非像我们以前认为的，是压抑造成焦虑；其次，令人生畏的内驱力情况，究其原因是一种外部的危险情况。我们的下一个问题是：怎样介绍焦虑影响下所发生的压抑过程？我认为答案如下：自我注意到，如果满足一种出乎意料地出现的内驱力要求，便会招致一种很容易让人想起的危险情况。这种内驱力投注必须以某种方式加以抑制和抵消，使其变得软弱无能。我们知道，如果自我是强大的，而且把有关的内驱力冲动吸收到它的组织中，它就能够完成这一任务。然而在压抑的情况下，内驱力冲动仍属于本我，而且自我感到虚弱。于是自我用一种技术进行自助，这种技术基本上和正常思维的技术是一致的。思维是一种实验性活动，只需少量的能量，就像统帅在调动他的大批部队之前，先在地图上四处移动小人一样。因此，自我预料到那令人忧虑的内驱力冲动的满足，并允许它在那令人生畏的危险情况开始时复制那些不愉悦的感受。于是愉悦—不愉悦原则就自动地发生作用，对有危害的内驱力冲动施行压抑。

"停下！"你们会对我喊道，"我们跟不上您说的话了！"你们说得对，在你们觉得能够接受我的见解之前，我还得再作一些补充说明。首先我得承认，我曾试图把某种实际上想必是一种既非意识也非前意识的过程的东西——这个过程发生在某个不可想象的基质的各部分能量之间——翻译成了我们正常思维的语言。但是这并不是厉害的批评意见，我们的确只能这样做。更为重要的是，我们应该清楚地区分：当压抑产生时，自我和本我中发生了什么。我们刚才说过，自我在这种情况下采取了什么行动：它使用一种实验性投注，通过焦虑信号激起愉悦—不愉悦—自动性。然后，就可能产生若干不同的反应，或这些反应在变化无常的投注数量中的混合。要么是焦虑突然发作，而自我则从那伤风败俗的兴奋中完全退出；要么自我用一种反投注取代实验性投注，并且前者反对那伤风败俗的兴奋，这种反投注与受压抑的激动的能量相结合从而构成症状，或者作为反向形成，作为对某些情绪的加强，作为持久的变化，被吸引入自我。焦虑泛化越是有可能局限于一种纯粹的信号，自我消耗在防御行动（它们相当于被压抑的东西即被压抑的激动的一种心理上的约束）上的能量就越多；与此同时，这个过程也就越接近于一种正常的加工，当然它并未达到这一点。顺便说一句，我们打算在这里停留片刻。你们自己肯定已经假定，被称作"性格"的东西（对它很难下定义）完全应该归于自我。我们已经抓住了某些造成这种性格的东西。首先是超我，它是从前的父母审查机构的组成部分，而且也许是最重要的和决定性的部分；然后，它与后来的双亲和其他有社会声望的人物认同，这些相似的认同是被废弃的客体关系的体现（我在前一讲里提到，这样的认同是已被放弃的客体投注的体现）。我们现在要补充一些对性格的形成一直起作用的因素，它们就是自我首先在其压抑中，然后在驳回那些不受欢迎的内驱力冲动时，通过较为正常的手段获得的反向形成。

现在我们转回来讨论本我。要想猜出在压抑的情况下、在遭到反对的内驱力冲动中发生了什么是不太容易的。我们主要关心的问题是：这种冲动的能量，即它的力比多负荷是怎样被利用的？你们回想一下，我在过去有一个假设，即力比多负荷正是由于压抑而转变为焦虑的。我们现在不敢这样说了；确切地说，谦虚的回答是：力比多负荷的命运很可能每次是不一样的。很可能在当时发生的自我的情况和本我的情况之间，就受压抑的冲动而言,存在着一种亲密的彼此相适应的关系,我们应当知道这种关系。也就是说,自从我们让由焦虑信号引起的愉悦—不愉悦原则干预压抑以来,我们便可以对我们的期望略作修改。这个原则完全不受限制地控制着本我中所发生的情况。我们可以相信,这个原则使有关的内驱力冲动发生了相当深刻的变化。我们可以指望,这个原则会使压抑产生各种不同的、或多或少影响深远的效果。在某些病例中,受到压抑的内驱力冲动可以保持其力比多投注,并继续原封不动地存留于本我中,尽管它时常受到来自自我的压力。而在另一些病例中,发生的情况似乎是:内驱力冲动完全被破坏了,在这种情况下,它的力比多最终被转入其他的轨道。我曾经指出,这就是在正常条件下处理俄狄浦情结时所发生的情况,就是说,在这种合乎愿望的情况下,俄狄浦斯情结不仅仅被压抑,而且在本我中被破坏了。此外,临床经验已向我们表明,在许多病例里,顶替惯常的压抑所造成的后果出现的是力比多降低自己的身份,也就是力比多组织退行到某一个早期的阶段。当然,这种退行可能只发生在本我中,而且只要它发生了,它就要受到由焦虑信号导入的同一冲突的影响。强迫性神经症在这方面提供了这类的最引人注目的实例,在强迫性神经症中,力比多退行和压抑共同起作用。

女士们、先生们!我担心你们会觉得这些论述难于理解,而且你们会猜到,这些论述并不详尽。我很抱歉我不得不激起你们的不快。但是我可以向你们保证,我唯一的目的就是使你们了解我们这些研究结果的性质以及获得这些结果时所遇到的种种困难。我们愈是深入研究心理的过程,就愈是认识到它们的丰富性和复杂性。某些简单的公式,起先似乎符合我们的需要,但是后来却被证明是不充分的。我们将不厌其烦地修改和改进这些公式。在关于梦的理论的第二十九讲里,我把你们引入了一个十五年来几乎没有任何新发现的领域；而在我们论及焦虑的时候，你们却看到每一件事情都在流动和变化着。这些新的事情尚未得到彻底研究，正因为这样，对它们的阐述也许是艰巨的。请你们忍受一下，我们很快就会结束焦虑这个题目了；我不敢断言，对焦虑这个问题的处理会使我们感到满意，我希望我们在这个问题上还是取得了一些进展。在此期间，我们获得了各种各样的新认识。所以，我们现在通过对焦虑的研究能为我们对自我的描述增添一个新的特点。我们曾经说过，自我比本我弱小，自我是本我的忠实奴仆，致力于执行本我的指令并实现本我的要求。我们不打算收回这个论点。但是另一方面，自我毕竟是本我组织得较好的且面向现实的部分。我们不可过分夸大自我与本我的区别；而且，自我在它那方面如果能对本我中的过程施加影响的话，我们亦无需感到惊讶。我认为，自我借助于焦虑信号开动几乎是万能的愉悦—不愉悦原则，从而对本我中发生的各种过程施加影响。但是，紧接着不久，自我又表现出它的软弱性，因为由于压抑的行动，它放弃了它的组织的一部分，并不得不允许被压抑的内驱力长久地脱离它的影响。

现在我还需对焦虑问题作一补充说明！在我们的指挥下，神经症性焦虑已经变成了现实性焦虑，变成了对某些外部的危险情况的恐惧。但是我们不能就此止步，我们必须进一步采取措施，虽然它将是倒退的措施。我们问自己，在这样一种危险的情况下，危险的东西，令人生畏的东西到底是什么呢？它显然不是客观上有待评价的对患者的伤害，因为这种伤害从心理学的角度上看是毫无意义的，而是由伤害在患者的精神生活中引起的某种东西。例如出生，它是焦虑状态的原型，但出生本身毕竟不能被认为是一种伤害，虽然它可能包含着一种受到伤害的危险。就像任何一种危险情况一样，出生的本质在于它在人的心理体验中引起一种高度紧张的兴奋状态，它被感觉为不愉悦，通过发泄是不可能控制住它的。愉悦原则的各种努力因它而失败，我们把这种状态称为“创伤性”因素。于是，我们通过神经症性焦虑—现实性焦虑—危险情况这一系列得到这样一个简单的论点：那个令人生畏的东西，即焦虑的对象，始终是一种创伤性因素的浮现，这种创伤性因素，按照愉悦原则的准则是不能消除的。我们立刻明白，我们所拥有的愉悦原则的天赋，并不能保证我们不受客体的伤害，而只能保证我们不受我们的心理经济的某种伤害。从愉悦原则到自卫本能还有很长的路要走，二者的目的从一开始就十分不同。但是，我们也还看到了某种其他的东西，它也许就是我们所要寻找的答案。也就是说，这里到处涉及一个相对的量的问题。只有兴奋额的大小能把一种印象转变为创伤性因素，并使愉悦原则失去作用，同时赋予危险情况以重要性。如果情况的确是这样，如果这些疑难问题通过非常冷静的思考就能加以消除，为什么这类创伤性因素——在这些创伤性因素中，焦虑不是作为信号被唤起，而是以新出现的理由重新产生——就不能在与那些被假设的危险情况无关的情况下在精神生活中产生呢？临床经验明确表明，事实上情况就是这样。只是后来发生的那些压抑显示了我们曾经描述过的那个机制，在这个机制中，焦虑是作为以前的某种危险情况的信号被唤起的；而最初的和原始的压抑是直接从自我和某种过于强烈的力比多要求相遇时产生的创伤性因素中产生的，它们重新形成它们的焦虑，当然是按照出生的原型。同样，上述情况亦可适用于由于性功能的躯体部分受到损害而产生的焦虑性神经症的焦虑泛化。我们不再坚持认为，在这种情况下，力比多本身转变为焦虑。但是，毋庸置疑，焦虑有双重来源：一方面，它是创伤性因素的直接后果；另一方面，它是预示创伤性因素快要重演的信号。

女士们、先生们！现在你们肯定感到高兴，因为你们不必再听有关焦虑的论述了。但是你们一点也高兴不起来，因为随后我要讲的话，并不见得更好听。我今天还打算带领你们参观力比多理论或内驱力学说的领域，在那里，我们同样取得了若干新的进展。我不想说，我们在这方面取得了很大进展，值得你们下很大工夫了解它们。不，这是一个我们正在其中艰苦地力争获得方向和认识的领域，你们将会是我们的努力的见证人。在这方面，我还得求助于某些我以前对你们讲过的东西。

内驱力学说可以说是我们的神话学。内驱力是一些神秘的（神话式的）神灵，具有了不起的不确定性。在我们的工作中，我们一刻也不能忽视它们，但是我们从来不敢肯定我们正在用敏锐的目光观察它们。你们知道，流行的思维是怎样探讨各种内驱力的。人们设想许许多多、各种各样人们急需的内驱力，诸如出人头地的内驱力、模仿内驱力、游戏内驱力、好社交的内驱力以及其他许多类似的内驱力。人们似乎接受它们，让每一种内驱力独行其是，然后再把它们丢掉。我们始终有这样一种预感，即在这许许多多小的借来的内驱力后面，隐藏着某种严肃而强大的东西，我们想要小心翼翼地接近它。我们采取的第一个步骤，要求不是很高。我们对自己说，如果一开始就能根据饥饿和爱这两种重要的需求区分出两种主要的内驱力、两种内驱力类型或两种内驱力群，我们很可能不会误入歧途。尽管我们平时出于嫉妒将心理学与每一种其他科学区别开来，以捍卫心理学的独立性，但这一次我们与那个不可动摇的生物学事实相比黯然失色，那就是：有生命的个体效劳于两个目的，即自我维护和物种维护，这两个目的似乎是相互独立的，据我们所知，它们没有共同的起源，而且在动物的生命中，它们的利益常常相互冲突。在这里，我们从事的实际上是生物心理学，研究的是生物过程的心理伴随现象。“自我内驱力”和“性内驱力”作为这种见解的代表渗入了精神分析。我们把所有与维护、保持和增大个体有关的东西算作自我内驱力，而把童年和倒错的性生活想得到的丰富多彩的东西称为性内驱力。在研究神经症的过程中，我们认识到自我是一种起限制和压抑作用的力量，性追求则是被限制和被压抑的力量，因此，我们不仅相信这两组内驱力之间存在着差别，而且发现它们之间有明显的冲突。我们先研究那些性内驱力，我们把它们的能量称作“力比多”。我们试图借助于它们弄清什么是内驱力和什么可以归因于内驱力这样一些我们的观念。这就是力比多理论之所在。

内驱力和刺激之间的区别在于，内驱力起源于人体内的刺激根源，它作为一种始终如一的力量发生作用。个体不可能通过逃跑避开它，像对付外部刺激那样。内驱力可以分为源泉、客体和目标。源泉是人身体中的某种兴奋状态，目标是消除那种兴奋，在从源泉通向目标的道路上，内驱力对人的心理产生影响。我们把内驱力描绘成某种朝一定的方向拥去的能量额。从这种拥去中，这个能量额获得了内驱力这个名称。我们把内驱力分为主动的和被动的内驱力，更确切地说，分为主动的和被动的内驱力目标；这是因为，为了达到某种被动的目标，也需要付出主动性。目标可以在主体自己的身体上达到，通常有一个外部的客体被安插进来，内驱力借助于这个外部的客体达到它的外部目标；它的内部目标则总是在于使身体发生变化，从而产生一种满足感。我们至今尚不清楚，和躯体的源泉的关系是否会赋予内驱力一种特异性。如果回答是肯定的，那么，这是什么样的特异性。精神分析的经验证明了以下一些确定无疑的事实：从一种源泉产生的内驱力冲动与来自其他源泉的内驱力冲动衔接，并分担后者今后的命运；而且一般来说，一种内驱力满足可以由另一种内驱力满足替代。但是应当承认，我们并没有很好地理解这些事实。而且，内驱力与目标和客体的关系也是会发生改变的，二者可以相互调换，内驱力与客体的关系毕竟是更容易解开的。对目标的某种修改和客体的更换——在这种修改和更换中我们考虑的是社会的评价——被我们称为“升华”。此外，我们还有理由将目标受到阻碍的内驱力区分开来，来自众所周知的源泉的内驱力冲动具有明确的目标，但在通向满足的道路上停了下来，结果就产生了一种持久的客体投注和一种持续的（感情的）追求。例如，温存的关系就是这样的，它无疑来源于性需要的那些源泉，但又总是放弃这些源泉。你们知道，这些内驱力的许多特性和命运我们至今依然一无所知；在这里，我们也应该回想起性内驱力和自我维护内驱力之间的一个区别，如果它关系到整个的群体，那么它在理论上将会具有重大的意义。我们发觉这些性内驱力具有以下特点：可塑性，有更换自己目标的能力，可替代性（即一种内驱力满足可以由另一种内驱力满足替代），可推迟性（关于它，我们刚才提到的那些目标受到阻碍的内驱力提供了良好的实例）。而自我维护内驱力却不具备这些特点，这是因为这些内驱力不屈不挠、不可推迟，而且以完全不同的方式呈现出绝对必要的特性，此外，它们与压抑和焦虑具有一种完全不同的关系。可是紧接着的考虑告诉我们，这种特殊的见解并不适用于所有的自我内驱力，而只适用于饥饿和口渴，而且这种见解显然是由这些内驱力源泉的某一个特点提出根据的。之所以造成这种令人不知所措的印象，大部分原因在于我们没有分别地进行观察，原本属于本我的那些内驱力冲动在有组织的自我的影响下经历了哪些变化。

当我们研究内驱力生活以什么样的方式为性功能服务时，

我们就在更牢固的基础上活动。在这方面，我们已经获得非常重要的认识，而你们也不再会觉得它们是新的。所以，认为性内驱力从一开始就是追求性功能的目标——两个性细胞的结合——的工具，这种看法是不对的。与此相反，我们发现大量的部分内驱力来自身体的各个部位和区域，它们追求满足时彼此相当地独立，它们在某种可以被我们称为“器官快感”的状态中找到了这种满足。在这些性感应区当中，生殖器是最后的，它们的器官快感可以称为性的快感。并非所有这些追求快感的冲动都可以被纳入性功能的最后组织中。它们当中的一部分没有用处，通过压抑或其他的方式被消除了；有一部分通过前面提到的那种值得注意的方式背离了自己的目标，用于加强其他的冲动；还有一部分保持次要的角色，用于实施引导性行为和产生前快感。你们已经听说，在这个漫长的发展过程中，一种临时的组织经历了好几个阶段，性功能的历史告诉我们，性功能同样经历了好几个发展阶段，它也经历了误区和退行。这些“前生殖器”阶段的第一个阶段，我们把它称为“口欲”阶段，因为与婴儿的喂养方式相适应，性感的嘴部区域支配着可以被叫作这一生命期性活动的行为。在性功能的第二个阶段，那些施虐的和肛门的冲动突显出来，当然，这与牙齿的出现、肌肉系统的增强、对括约肌功能的控制有关。恰恰是对这个值得注意的发展阶段，我们已认识到许多有趣的细节。第三个阶段是阴茎期，在这个阶段，在男女两性中，男性生殖器（以及女性与其相对应的部分）获得了不容忽视的意义。我们把生殖阶段这个名称赋予不再变更的性组织，它建立于青春期之后，此时女性生殖器才得到承认，而男性生殖器早就获得承认了。

到目前为止，我们所讲的一切都不过是老生常谈。但是，你们不要以为，我这次没有提到的一切也不再有效。我们需要这种重复，以便把我们关于我们在认识上的进步的报告和它联系起来。我们可以感到自豪的是，我们正好对力比多的那些早期的组织获得了许多新的认识，并且对旧东西的意义也有了更清晰的理解，这一点我至少可以用某些实验向你们介绍。亚伯拉罕在1924年就已经指出，施虐—肛门阶段还可再分为两个子阶段。在这两个子阶段以前的阶段，毁掉和遗弃的破坏性倾向居支配地位；而在以后的阶段，保持和享有这些对客体友好的倾向占上风。在这些阶段的中间，对客体的照顾作为以后的爱情投注的先导第一次出现了。同样，我们也有理由把最早的口欲阶段再分为两个子阶段。在第一个子阶段中，问题只涉及口唇的吞咽，这时在口唇与客体即母亲的乳房的关系中也不存在任何矛盾性。第二个子阶段，其特点是出现咬的活动，故可称为口虐阶段；这个阶段首次显示了矛盾性，这种矛盾性在紧接着的施虐—肛门阶段中变得更加明显。如果我们在某些神经症例如强迫性神经症和忧郁症中去寻找力比多发展中的易感性部位，那么这些新区分的价值就特别明显地表现出来。在这里，你们应当加快学习我们关于力比多固着、易感性和退行之间的联系的知识。

我们对力比多组织的各个发展阶段的态度，总的看来发生了一点儿变化。我们过去主要强调这样的事实，即这些阶段的每一个在下一个阶段到来之前渐渐消失，而现在我们注意的是这样一些事实，它们告诉我们，每一个以前的阶段，在与以后的那些组织并存和在它们之后，有多少被保持下来，而且在力比多预算和个体的性格中获得持久的替代。我们的研究变得更加意味深长，它们告诉我们，在各种病理条件下，经常发生向以前的那些阶段的退行，而某些退行对某些疾病状态来说是非常典型的。但是在这里我不可能深入探讨这个问题，它是专门的神经症心理学研究的对象。

我们已经能够研究各种内驱力转化和类似的过程了，特别是借助于肛门性欲，借助于来自能激起性欲的肛门区的那些源泉的兴奋，对这些内驱力冲动频繁地被利用，我们感到意外。要想摆脱人们在发展过程中恰恰对这个区域的蔑视也许并不容易。因此，让我们听一听亚伯拉罕于1924年向我们提出的劝告，他说，肛门从胚胎学的角度上看相当于下移到了肠子尾部的原始的嘴。我们还认识到，随着人自己的粪便，即他自己的排泄物失去价值，肛门性欲这种内驱力兴趣便不再理睬这些可以作为礼物赠送的东西了。这的确很有道理，因为粪便是婴儿能够赠送的第一件礼物，是他出于爱把它让与他的护理人员的。接下去，完全类似语言发展中出现的词义变化，这种对粪便的古老的兴趣就转化为对黄金和金钱的高度重视，但也为对小孩和阴茎的感情投注作出了贡献。所有长期坚持泄殖腔理论的儿童，深信小孩是像一段粪便一样从肠子生出来的；排便是出生行为的原型。但是，圆柱状的粪便也被视为阴茎的先驱，它充满并刺激着肠子的黏膜管。当儿童很不情愿地认识到还存在着没有阴茎的人时，他觉得阴茎是某种可以脱离他的身体的东西，因而明显地类似于排泄物，是呀，排泄物是他不得不放弃的第一件身体上的东西。于是，大部分肛门性欲都转变成了对阴茎的投注。不过，对人体这一部分的兴趣，除肛门性欲的根源之外，还有也许更有影响力的口交的根源，因为当婴儿的吮吸停止之后，阴茎就变成了母亲的器官即乳头的继承者。

如果我们没有认识到这些触及本质的关系，我们就不可能熟悉人的种种幻想、他受无意识的影响而产生的种种联想以及他的症状语言。在这里，粪便—金钱—礼物—小孩—阴茎具有相同的意义，也被共同的象征所代替。你们也不该忘记，我能提供给你们的，只是一些很不完善的知识。我或许可以仓促地补充说，后来产生的对阴道的兴趣，也主要来源于肛门性欲。对此无需大惊小怪，因为正如露·安德烈亚斯—莎乐美于1916年所正确地指出的，阴道本身是从直肠“租借来的”。在同性恋者的生活中，那些没有经历过性发展的某一阶段的同性恋者，也会把直肠当作阴道。在梦中，常常出现这样一个特定的地点，它从前是一个独一无二的房间，现在却被一堵墙隔成两间了，或者情况与此相反。这种梦境总是意味着阴道与直肠的关系。我们也很容易发现，一个女孩在正常情况下怀有这样一个完全非女性的愿望，即拥有一个阴茎，这种愿望先是转变成了希望有一个孩子的愿望，继而又转变成了希望成为阴茎的持有者和孩子的捐赠者即男人的愿望，所以在这里我们也可以看出，一部分最初的肛门性欲，是怎样获准进入后期的生殖器组织的。

我们在对力比多的这些前生殖器阶段进行研究的过程中，对性格的形成也已经获得了一些新的认识。我们注意到了某些特性的三迭现象，即这些特性，诸如整洁、节约和固执，相当有规则地聚集在一起，而且从对具有这三种特性的人的分析中我们推断出，这些特性产生于他们的肛门性欲，只不过他们的肛门性欲已经耗尽和另有用场罢了。所以我们提到一种肛门性格，这种性格体现了这三种特性的引人注目的结合，而且它在某种程度上和未经处理的肛门性欲形成对比。在好胜心和尿道性欲之间，我们发现了一种类似的、也许更加牢固的关系。一个传说引人注意地暗示了这种关系，据说在亚历山大大帝诞生的同一个晚上，某个名叫赫罗斯特拉特的人出于徒务虚名的荣誉癖放火烧毁了位于厄费索斯的令人赞叹的阿耳忒弥斯神庙。可见，古人似乎也是知道这种关系的！你们当然知道，排尿与火以及灭火具有何种关系。我们当然希望其他的性格特征也以类似的方式产生，作为某些前生殖器期的力比多构成的体现或反向形成，但我们目前还不能阐明这一点。

但是，现在是回到历史和题目的时候了，我要重新提及内驱力生活的最一般的问题。首先，自我内驱力和性内驱力之间的对立是我们的力比多理论的基础。但是后来，当我们开始更详细地研究自我本身并理会自恋的观点时，这种区别本身就失去了它的基础。在罕见的情况下，我们可以认识到，自我把自己作为客体，其所作所为好像是爱上了自己。所以，我们从希腊神话中借用了“那喀索斯”这个词。但是，这仅仅是正常事态的极度夸张而已。我们学会理解，自我始终是力比多的主要储备，对客体的力比多投注源出于此又返回于此，而这种力比多的大部分则持续地留在自我中。所以，自我力比多不断地转变为客体力比多，然后客体力比多又转变为自我力比多。但是，这两种力比多的性质可以是相同的，所以没有必要把一种力比多的能量和另一种力比多的能量区分开来，我们可以放弃力比多这个名称，或把力比多等同于一般意义上的精神能量。

我们并没有长时间地坚持这种观点。内驱力生活的内部存在着对立性这种预感很快就会获得另一种更加尖锐的表达方式。但是，内驱力学说中的这个新观点从何而来，我不想告诉你们；它基本上也是以生物学上的各种考虑为依据的；我将把它作为制成的产品提供给你们。我们假设存在着两类本质上不同的内驱力：从最广泛的意义上理解的性内驱力，也可以称为性爱，如果你们喜欢这个名称的话；攻击驱力，其目的在于破坏。当你们听到我这样说的时候，你们几乎不会将它看成是新东西；这种区分看来是一种尝试，其目的是从理论上使爱和恨之间的陈腐的对立焕发光辉，这种对立与物理学所假定的在无机界中存在着另一种极性即吸引与排斥也许是相符的。但是，值得注意的是，这种假定仍然被许多人看作是一种创新，更确切地说，看作一种很不受欢迎的、应该尽快予以摒弃的创新。我认为，在这种摒弃中，有某种强烈的感情因素在起作用。为什么我们自己用了这么长的时间才决定承认有一种攻击驱力呢？为什么为了理论我们并没有毫不犹豫地利用那些大白于天下和众所周知的事实呢？如果我们把具有破坏性目的的驱力归之于动物，我们很可能只会遭到微不足道的反对。但是，如果想把攻击驱力纳入人的素质中，这简直就是亵渎神明了；这种想法有悖于许多宗教的假设和社会习俗。不，想必人之初，性本善，或人想必至少是乐善好施的。如果人偶尔显现出残忍、粗暴和冷酷无情，那只是人内心的情感生活的暂时抑郁而已，而这些暂时的抑郁多半是被煽动起来的，或许仅仅是人迄今为止赋予自己的那些不切实际的社会制度的后果。

遗憾的是，历史告诉我们的东西和我们自己所经历的东西，并没有按照这种意愿行事，相反却证明以下的判断是正确的，即相信人性"善"是那些最恶劣的幻想之一，人们期待它们美化和减轻自己的生活，可是它们实际上只带来了损害。我们无需继续进行这场争论，因为我们赞同人身上存在着特殊的攻击性和破坏性内驱力这一假设，并不是根据历史和生活经验的种种教训，而是根据对施虐狂和受虐狂这些值得注意的现象所作的种种一般性的思考。你们知道，当性满足与使性对象遭受痛苦、虐待和侮辱的条件相联系时，我们把它称为施虐狂，而当存在自己想成为受虐待的对象这一需要时，我们则把它称为受虐狂。你们还知道，在正常的性关系中，存在着这两种追求的某种附加物，当这两种追求抑制其他的性目标并取而代之时，我们便把它称为性欲倒错。你们也许还注意到，施虐狂与男子气概、受虐狂与女性气质有着密切的关系，仿佛这里存在着某种神秘的亲缘关系。不过，我得马上告诉你们，通过这种途径我们并没有取得任何进展。施虐狂和受虐狂这两种现象，对于力比多理论来说，是一些的确令人困惑不解的现象，特别是受虐狂。如果对一种理论构成绊脚石的东西，可以是另一种取代它的理论的里程碑，那么事情也就解决了。

所以，我们认为，施虐狂和受虐狂是两类内驱力即性爱的和攻击性的内驱力的混合体的两个极好的例子。我们进一步假设，这种关系是可以作为榜样的，换句话说，所有我们可以研究的内驱力冲动都是由这两类内驱力的这样一些混合或融合所组成的。当然，混合或融合的比例是各种各样的。例如，性爱的内驱力会把它们多种多样的性目标引入混合物，而其他的内驱力只允许在其混合的倾向中出现和缓和不同的层次。通过这种假定，我们为我们的研究开辟了前景，总有一天，我们的研究会对我们理解病理学过程具有重大的意义。因为混合体也可以分解，所以我们可以相信，使内驱力免受混合会带来极其严重的后果。不过，这些观点仍然太新，迄今为止还没有人试图在工作中运用它们。

我们现在回到受虐狂向我们提出的那个特殊问题上。一旦我们不考虑受虐狂中所包含的性爱成分，它就会向我们保证存在着一种以自我破坏为目标的追求。如果破坏性内驱力中也含有性爱成分（正如力比多中含有性爱成分一样），自我——更确切地说，我们在这里指的是本我即整体的人——最初包含了一切内驱力冲动，那么我们就会得出这样的看法，即受虐狂早于施虐狂，后者是指面向外部世界的破坏性内驱力，所以它获得攻击的性质。这种原始的破坏性内驱力可能仍旧保留在内心里，我们似乎只有在下述两个条件下才能感觉到它：一个条件是当它和性爱的内驱力相结合而转化为受虐狂时，另一个条件是当它作为攻击（具有或多或少的性爱成分）面向外部世界时。我们现在不由得想起这样一种重要的可能性，即攻击不可能在外部世界中得到满足，因为它遇到了各种现实的障碍。在这种情况下，它也许会向后退，从而增加在内心里起支配作用的自我破坏的程度。我们将会听到，这就是实际上所发生的情况，并认识到这种情况的重要性。受到阻止的攻击似乎意味着一种严重的伤害；看起来情况的确是这样，仿佛我们不得不毁坏他物和他人，以便不使自己遭受毁坏，以便使我们免遭自我破坏的倾向。当然，对于道德家来说，这是一种可悲的发现！

不过，道德家会认为我们的这些思辨不可思议而长时间地自我安慰。他会说，这种奇怪的内驱力竟然致力于破坏它自己的有机的家！诗人们确实谈到了这样一些事情，但他们对此不负责任，因为他们享有不拘一格地进行创作的特权。当然，生理学对类似的观念也并不陌生，例如胃黏膜的观念，因为胃黏膜能够消化自身。不过，我们应该承认，我们的自我破坏内驱力需要得到更加广泛的支持。人们毕竟不可能仅仅因为少数几个傻瓜把他们的性满足与某种特殊的条件联系起来，就敢于作出具有这种影响的假定。我认为，对这些内驱力全神贯注地进行研究，会给我们带来我们所需要的东西。这些内驱力不仅支配着精神生活，而且支配着植物性的生活，即枯燥无味的生活；这些有机体的内驱力表现出一种值得我们高度重视的性格特征。至于这一性格特征是否是这些内驱力的一种普遍的特征，我们过后会加以讨论的。也就是说，这些内驱力表现为一种争取恢复某种以前状态的努力。我们可以假定，一旦以前已经达到的某种状态受到了干扰，就会产生一种重新创造这种状态的内驱力，就会产生可以被我们称为重复性强迫的各种现象。例如，胚胎学就是一种独一无二的重复性强迫；此外，许多动物也具有重新形成已丧失的器官的能力。康复的内驱力——除了治疗的帮助之外，我们的痊愈应归功于这种内驱力——大概就是这种在低等动物那里获得非常了不起的发展的能力的残余。鱼在排卵期的回游、候鸟的定期飞翔，甚至可能包括一切被我们称为动物的本能表现的东西，都是根据重复性强迫的规定发生的，总之，重复性强迫表达出这些内驱力的保守性质。在心灵的领域里，重复性强迫也常常表现出来。我们注意到，在精神分析工作期间，过去童年时期的那些被遗忘和被压抑的经历，在梦和反应中，尤其是在移情性的梦和反应中得到了再现，尽管重新唤起这些经历是与愉悦原则的利益背道而驰的。因此，我们对自己作出了这样的说明，即在这些情况下，重复性强迫甚至克服了愉悦原则。不通过分析，人们也能观察到类似的东西。有这样一些人，他们在其生活中不加修改地一再重复给他们带来伤害的相同反应；还有一些人似乎总是被一种无情的命运缠绕着，可是更加详细的调查表明，这种命运是由于他们不了解情况而为自己准备好的。所以，我们认为，重复性强迫具有“恶魔般的”性质。

然而，内驱力的这种保守特征怎么能够帮助我们理解我们的自我破坏呢？这样的一种内驱力想要恢复什么样的早期状态呢？答案不难找到，而且我们的答案将开辟种种广阔的前景。如果生命的确是在蛮荒时代，以无法想象的方式产生于无机物质，那么，按照我们的假设，某种内驱力在当时就应该产生了，这种内驱力想要再次毁灭生命，恢复无机的状态。如果我们重新认识到我们所假定的自我破坏存在于这种内驱力中，那么我们就可以把自我破坏理解为死亡驱力的一种表现，而死亡驱力在任何生命过程中都是不可缺少的。我们相信的这些内驱力被划分为两组：一组是性爱的内驱力，它想把越来越多的生命物质结合成越来越大的整体；另一组是死亡驱力，它反对前者的这种追求，使有生命的东西回复到无机物状态。生命现象就是从这两组内驱力的并存和相互对抗作用中产生的，而死亡宣告了生命现象的结束。

你们也许会无动于衷地耸耸肩说："那不是自然科学，那是叔本华的哲学！"但是，女士们、先生们，一个勇敢的思想家为什么就不可能猜出某种以后被冷静而非常辛苦的细致研究所证实的东西呢？何况从前已有人说过这一切，而且早在叔本华之前，类似的话就有许多人说过了。再说，我们现在所说的话，实际上并不是叔本华的哲学。我们并没有断言，死亡是生命的唯一目标；我们并没有忽略除死亡之外还存在着生命这个事实。我们只承认这两种基本驱力各有自己的目标。至于这两种驱力在生命过程中是怎样混合在一起的，死亡驱力是怎样用来为性爱的目的服务的（特别是当死亡驱力作为攻击面向外部世界的时候），这是留待未来的研究去解决的两个任务。我们现在只看到这样一种前景展现于我们的眼前。此外，这种保守的性质是否毫无例外地归属于所有的内驱力，力争把有生命的东西综合成更大的整体的那些性爱的内驱力是否也希望恢复一种早期的状态，这个问题我们也将留待后人去解决。

我们已经稍稍远离我们的基础了。我还想告诉你们，我们对内驱力学说进行的这些思考的出发点是什么。这个出发点也就是曾经引导我们修正自我与无意识之间关系的那个出发点，它是从分析工作中得出的一种印象，即进行反抗的患者往往对这种反抗一无所知。患者不仅没有意识到反抗这一事实，而且对反抗的动机也一无所知。我们不得不去探寻这些或这个动机，出乎我们的意料，我们在一种强烈的惩罚性需要中发现了这种动机，而我们只能把这种惩罚性需要归入受虐狂的愿望。这个发现的实际意义不亚于它的理论意义，因为这种惩罚性需要是我们的治疗工作的顽敌。只有痛苦能够满足这种需要，而痛苦是和神经症联系在一起的，因此，这种惩罚性需要始终是人生病的原因。看来，无意识的惩罚性需要这个因素存在于每一种神经症中。在某些病例中，神经症性质的痛苦能够被其他种类的痛苦所代替，这些病例的确是令人信服的。我想向你们介绍一种这样的体验。我曾经成功地使一位年纪较大的姑娘摆脱了症状情结。她曾因此症状情结而蒙受了大约十五年的折磨，几乎不能参加生活中的任何活动。现在她觉得自己健康了，于是努力投入各种活动，以便发挥她那些卓越的才能，为自己赢得一点威信、享受和成功。但是她的每一次尝试都以失败告终，要么是人们告诉她，要么是她自己认识到，她已经太老了，已不可能在那个领域里有所成就了。这样的结局也许会使她旧病复发，可是她不再可能得那种病了，取代这种病的是她屡屡碰到一些事故，它们使她长时间地停止活动，让她感到痛苦。例如，她跌倒了，扭伤了一只脚或伤了一只膝盖，或做某件事情时碰伤了手。当人们提醒她，她对这些好像是偶然发生的事件负有重要责任时，她便好像改变了自己的技巧。于是，相同的诱因不再引起事故，而是引起各种轻微的疾病，诸如黏膜炎、咽喉炎、流感和风湿性肿胀，直到最后她下决心听天由命时，整个闹剧才宣告结束。

我们认为，我们无需怀疑这种无意识的惩罚性需要的来源。这种需要的行为举止像良心的一部分，是我们的良心向无意识的一种延伸，它和良心具有相同的来源，也就是说，它相当于已被内心化和被超我接管的那一部分攻击。如果上述这些话语更好地协调起来，那么为了一切实际的利益，我们有理由把惩罚性需要叫作“无意识的负罪感”。理论上看，我们的确怀疑，我们是否应该假定，一切从外部世界返回的攻击都受到超我的约束而转而反对自我，还是应该假定攻击的一部分作为一种自由的破坏性内驱力在自我和本我中默不作声且令人恐惧地从事它的活动。这样一种可能性更大，但我们对它缺乏更多的了解。可以肯定的是，超我最初被动用时是作为一种审查机构，其作用是用儿童针对其父母的那一部分攻击装备自己（儿童由于其爱的固着和所遇到的外部的困难，没有能力向外释放这部分攻击），所以，超我的严厉性无需与教育的严厉性相适应。最有可能的是，当以后出现抑制这种攻击的理由时，超我这种内驱力会选择它在那个决定性时刻所选择的同一条途径。

在分析治疗中，这种无意识的负罪感过于强烈的人，是通过预后结果令人很不愉快的消极治疗反应来表现他们自己的。当人们告诉他们某种症状已缓解时——通常情况下，在此之后，症状至少会暂时消失——却出现了相反的情况，他们的症状和疾病暂时加重了。只要对他们在治疗中的表现予以表扬，或对分析研究进展说几句满怀希望的话，就足以使他们的健康状况明显地恶化。关于这种情况，一个非分析师会说患者缺少“康复意志”；按照精神分析的思维方式，你们会把这种行为看作无意识的负罪感的一种表现，对于生病及其痛苦和预防来说，这种无意识的负罪感正好是合情合理的。这种无意识的负罪感所探讨的各种问题，它与道德、教育、犯罪行为和堕落的关系，目前是精神分析师所偏爱的研究领域。

在这里，我们出人意料地从精神的地狱闯进了开放的市场。我不可能带领你们继续前进了，但是，在我今天和你们告别之前，我还要告诉你们我的一个思路。我们常常会说，我们的文化是以牺牲性的追求建立起来的，这些性的追求受到社会的阻碍，部分甚至遭到压抑，但是另一部分则侧重于新的目的。我们承认，尽管我们对我们所取得的文化成就感到百般自豪，但是要想实现这个文化所提出的要求并在文化中感到舒适却是不容易的，因为强加于我们身上的各种内驱力限制意味着一种沉重的心理负担。这期间，我们对性内驱力的认识，在相同的程度上，也许在更大的程度上适用于别的，例如攻击驱力。尤其是这些攻击驱力使人们在一起生活变得困难并威胁着它的继续存在；对个体的攻击的限制，也许是社会要求个体作出的头一个而且是最重大的牺牲。我们业已知道，大自然以何等巧妙的方式驯服了攻击驱力这匹难驾驭的马。它动用了超我。超我夺取了各种危险的攻击性冲动，它似乎把一支占领军派驻在有骚乱倾向的地点。但是，另一方面，从纯粹的心理学角度上看，我们应该承认，如果自我为了社会的那些需要作出牺牲，如果自我不得不服从攻击的那些破坏性的倾向——本来它是想用它们反对他人的——那么，它是不会感到舒服的。这就像是支配着有机生物界的“吞噬或者被吞噬”的那种窘境向人类心灵领域的蔓延。所幸的是，攻击驱力从未单独存在过，它总是与性内驱力并存，后者在人类创造的文化的条件下，力图大力减轻或防止前者。

第三十三讲　女性气质

女士们、先生们！在我准备与你们交谈的整个时期，我一直为一种内心的艰难处境绞尽脑汁。可以这样说，我感到难以把握我们演讲的许可范围。的确，在十五年的工作过程中，精神分析发生了变化，而且得到了丰富，但是，由于这个原因，精神分析引论却可以不作修改和增补。我的脑海中总是浮现出这样的念头，即这些新演讲是没有存在的理由的。因为对于精神分析者来说，我讲的东西太少，而且毫无新意；但对于你们来说，我讲的东西又太多，而且对于其中的某些东西，由于它们超出了你们的知识范围，你们还无法理解。我盼望得到你们的原谅，并根据不同的理由证明我的正确性。第一讲是有关梦的理论，它应该一下子让你们再度回到精神分析研究氛围里，并向你们表明，我们的观点是完全站得住脚的。第二讲讲的是从梦走向所谓的神秘主义的那些途径，趁此机会，我想自由发表对这样一种研究领域的看法：在这个领域中，许多充满成见的企望至今仍同那些激烈的阻抗进行斗争，我希望你们在对精神分析的实例作出判断时采取宽容的态度，而且不会拒绝陪同我漫游这个领域。第三讲探讨了人格的剖析，它肯定对你们提出了最难以忍受的无理要求，因为它的内容极不寻常，但是，我不可能向你们隐瞒自我心理学的这个最初的苗头，如果我们在十五年前就知道这个苗头，我当时肯定会提到它的。至于上一讲，你们恐怕只有竭尽全力才能理解它，这一讲对我以前的某些见解作了必要的更正，并试图对那些谜一样的最重要的问题提出新的解决办法。如果我避而不谈这些问题，那么我的引论就会把你们引入歧途。正如你们所知，一个人如果开始为自己申辩，那么到头来只会有这样一个结果，即一切都是不可避免的，一切厄运。我服从命运。我请求你们也采取这种态度。

同样，今天的演讲不应该纳入引论，但是，对你们来说，它可以作为详细的精神分析工作的一个样品。对于今天的演讲，我可以谈两点意见：第一，它所提出的仅仅是观察到的事实，几乎没有附加任何思辨性的东西；第二，它所探讨的题目比别的题目更能引起你们的兴趣。在所有时代，人们对女性气质这个谜都进行了苦苦思索。海涅在其游记《北海》里写道：

那些戴着象形文字一样的便帽的头，
那些戴着缠头布和黑色扁平便帽的头，
那些戴着假发的头和其他无数
不幸的、冒汗的人们的头……

只要你们是男人，你们也会对女性气质这个问题进行苦苦思索；但女人们却没有这种烦恼，因为女人本身就是这个谜。当你们与另外一个人相遇时，你们所做的第一个区分就是：“他是男的还是女的？”而且你们习惯于以毫不犹豫的可靠性进行这种区分。解剖学在这点上与你们的意见一致，而且不会远远超出你们的看法。男人的性产物即精子及其载体是阳性的，而卵子及给它提供住处的有机体则是阴性的。两性的器官均已形成，它们的唯一功能就是进行性交，它们很可能是以同样的起点发展成为两种不同的形态的。此外，男女两性的其他器官、身体形态和组织结构，则显示了性别对人体的影响，但是这种影响是不稳定的，它的程度是变化无常的，即那些所谓的继发性性征。此外，科学会告诉你们某种与你们的期望背道而驰的东西，这东西很可能适宜于搞乱你们的感知力。科学使你们注意到这一事实，即男人性器官的某些部分也出现在女人身上，尽管它们处于逐渐枯萎的状态，反之亦然。科学认为，这种情况是雌雄同体的征兆，仿佛个体既非男人亦非女人，而始终既是男人又是女人，只不过一种性别比另一种性别更明显罢了。在这种情况下，我要求你们熟悉这样一种观念，即在个体中男性成分和女性成分混合的比例非常不稳定。但是，撇开那些十分罕见的病例不谈，一个人身上所呈现出的毕竟只是一种性别的产物——卵细胞或精子。所以，你们想必对这些因素的决定性意义有错误的印象，并得出这样的结论，即构成男子气概或女性气质的东西是解剖学无法理解的某种不为人知的特性。

那么，心理学也许能解决这个问题吗？我们也习惯于把“男性的”和“女性的”作为心灵上的特质来使用，并且同样把雌雄同体的观点转用在精神生活上。所以，我们谈到某人（不管是男人还是女人）时，会说他的行为在这点上像男人，而在另一点上像女人。但是，你们很快就会发现，这种说法不过是对解剖学和习俗的一种迁就。你们不可能赋予“男性的”和“女性的”概念以任何新的内容。这种区分不是心理学的区分。当你们说“男性的”时候，你们通常指的是“积极主动的”；当你们说“女性的”时候，你们通常指的是“消极被动的”。不错，的确存在着这样一种关系。男性的性细胞是积极活动的，它寻找女性的性细胞，而女性的性细胞即卵子则是静止不动的，消极地等待着。这些性的基本机体的态度，甚至可以说是性交中性个体行为的原型。男子为了性交的目的而追求女子，他向她发动进攻，并且闯入她的领地。但是,从心理学的角度上看,这种说法正好把男子的特性简化为攻击性。你们要是考虑到,在某些动物种类中,例如蜘蛛,雌性却更为强壮而且好攻击,而雄性只是在性交的时候才具有主动性,那么你们将会怀疑上述说法是否切中要害。饲养和抚育等功能,在我们看来是女性特有的优良品质,但是在动物界中,这些功能并不总是和雌性联系在一起的。我们在相当高级的动物种类中观察到,饲养的任务是由两性共同承担的,或者甚至由雄性单独承担。你们很快就会觉察到,甚至在人类的性生活领域里,把男性行为等同于主动性、把女性行为等同于被动性是多么不恰当。从任何意义上说,母亲对孩子是积极主动的;甚至对吃奶这一行为你们也会说,母亲给婴儿哺乳,或者母亲让婴儿吸奶。你们越是远离较为狭隘的性领域,那个"被掩盖的错误"就越明显。女人在各个方面均可以发挥巨大的积极性,男人如果不发挥出高度的被动柔顺性,就不能与他们的同性一起生活。如果你们现在告诉我,这些事实恰好证明男子和女子在心理学的意义上都是双重性别的,那么我将从中推断出,你们已经自己决定把"主动的"等同于"男性的",而把"被动的"等同于"女性的"。但是,我劝你们别干这种傻事。在我看来,这样做是不切合实际的,它不会带来新的认识。

人们也许会想到,从心理学的角度上看,女性气质的特点在于偏爱各种被动性目标。当然,偏爱被动性目标与被动性不是一回事;要想实施一个被动性目标,也许需要付出大量的主动性。情况或许是这样的:女子从其参与性功能的角度上看,有一种对被动性行为和被动性目标的偏爱,这种偏爱在很大的程度上延伸到生活中,并根据性生活的这种榜样性受到限制还是传播开来,或多或少地继续向生活延伸。但是,在这个问题上,我们必须注意不要低估社会制度的影响，因为社会制度同样会使女人陷入被动状态。不过，这一切还远未说明我们的问题。我们不应忽视，在女性气质和内驱力生活之间存在着一种特别稳定的关系。女性体质中所规定的而且被社会强加于她的对其攻击性的抑制，有利于强烈的受虐冲动的形成，而这些强烈的受虐冲动成功地把那些转向内部的破坏性倾向跟性爱联系起来。所以，正如人们所说，受虐狂是女性特有的。但是，如果你们发现受虐狂也往往出现在男人身上，你们除了说这些男人显示了非常清晰的女性特征外，还能说些什么呢？

现在，你们对以下这种看法已有准备，即心理学对女性气质这个谜也束手无策。要想弄清女性气质这个问题，我们得另辟蹊径，只有在我们得知生物究竟怎样演变成两种不同的性别之后，我们才能弄清这个问题。我们对这种演变一无所知，而两种性别毕竟是有机生命的一个非常显著的特征，它把有机生命与无生命的自然界明显区分开来。然而，我们觉得，对那些因为拥有女性生殖器而明显地或主要地具有女性特征的人类个体，我们应该好好地进行研究。精神分析的特点在于它并不想描述什么是女性——这对它来说几乎是一项无法解决的任务——而是想研究女性是怎样形成的，她是怎样从生来具有双重性别的儿童成长起来的。我们近来已经获得这方面的一些知识，这要归功于我们几位杰出的女同事，她们在从事精神分析的时候已经开始研究这个问题了。对这个问题的讨论从两性的区别中获得了独特魅力，因为对于在座的女士们来说，每当某种比较的结果似乎不利于她们的性别的时候，她们就会表示疑惑，认为我们作为男性分析师，不可能克服对女性气质所抱有的某些根深蒂固的偏见，对此，我们的研究的派性是负有责任的。与之相反，我们立足于双重性别这一事实，所以我们很容易避免任何对女性的无礼。我们只消这样说:“这种比较并不适用于你们,你们是例外,在这点上你们更有男子气,而较少女性气质。”

我们对女性性发展的研究提出两点猜想:第一,在这种发展中,女性的体质只有经过反复斗争,才能使自己适应性发展的这一功能;第二,性发展中的那些决定性的转变在青春期之前就已经出现苗头或者已经完成。这两点猜想很快就得到了证实。此外,与男孩的情况所作的比较告诉我们,小姑娘向正常女人的发展更加困难和复杂,因为它包括了两个额外的任务,而男人的发展正好相反,没有这两个额外的任务。让我们追寻两性发展这条平行线的源头。毫无疑问,男孩与女孩的材料是不同的,这无需由精神分析来确定。这种生殖器结构上的区别伴随着身体其他方面的区别,这些区别众所周知,不须赘述。在内驱力资质中,也出现了差异,这些差异让我们预感到女人后来的本质。通常小姑娘较少攻击性和反抗性,也较少满足现状,她似乎更需要别人给予她抚爱,所以她似乎更富于依赖性和顺从性。小姑娘更容易而且更快地学会控制排泄,这很有可能只是这种顺从的结果;是啊,尿和粪便毕竟是小孩赠送给护理人员的第一批礼物,这种控制是儿童的内驱力生活为自己争取到的第一个特许。我们也有这样的印象,即小姑娘比同龄的男孩更聪明、更活泼,小女孩更喜欢接近外部世界,与此同时,形成了更强烈的客体投注。我不知道,小姑娘在发展中的这种领先地位是否已被精确的调查所证实,但不管怎样,可以肯定的是,女孩的智力不能说是落后的。但是,这些性别上的区别不是很重要,它们可以通过个体的变异加以抵消。对于我们目前所追求的那些目的来说,我们可以把这些性别上的差异忽略不计。

两种性别似乎以同样的方式经历了力比多发展的早期阶段。人们原本期望女孩在施虐—肛门阶段就已经表现出攻击性落后于他人，然而事实却并非如此。我们的女性分析师通过对儿童游戏的分析表明，小姑娘的攻击性冲动在数量上和激烈程度上都是完整无缺的。随着进入阴茎阶段，两性间的这些区别和两性间的彼此一致相比变得完全不重要了。现在我们不得不承认，此时的小姑娘是一个小男人。在这个阶段里，男孩的显著特征是，他已经学会从其阴茎那里获取快感，并把阴茎的兴奋状态和他关于性交的观念联系起来。而小姑娘则用她更加小的阴蒂做着同样的事情。看来女孩的一切手淫行为都是凭借阴茎的等同物即阴蒂来进行的，因为真正的女性的阴道尚未被两性发现。诚然，也有一些关于早期的阴道感觉的零星报道，但是，要把阴道感觉同肛门感觉或心房感觉区别开来却是不容易的；而且，这些早期的阴道感觉无论如何也不可能起重要作用。我们可以断言，在女孩的阴茎阶段，阴蒂是主要的性感区。但是，情况不会仅仅是这样，随着向女性气质转变，阴蒂将把它的敏感性连同它的重要性，全部或部分地转让给阴道。这也许就是女人在其发展过程中必须完成的两项任务之一，而较为幸运的男子在其性成熟时期只需继续进行他在早期性欲旺盛时预先练习过的活动。

我们还会再谈阴蒂的作用，不过现在我们先谈女孩在其发展过程中所肩负的第二项任务。男孩的头一个爱的对象是母亲，在俄狄浦斯情结形成时期依然如此，而且严格说来贯穿他的一生。对于女孩来说，母亲（和母亲融为一体的人物，例如奶妈和女护理人员）也是头一个对象；儿童的最初的客体投注是依据对巨大而简单的生活需要的满足的，而且儿童的护理情况对两性来说都是相同的。但是，在俄狄浦斯的状况中，父亲却变成了女孩的爱恋对象；我们认为，在正常的发展过程中，女孩从父亲作为爱恋对象出发将会找到通向最后的对象选择的道路。所以，随着时间的推移，女孩会改变性感区和爱恋对象，而男孩则保持着原来的性感区和对象。于是便产生了这样的问题：这种转变是如何发生的？尤其是，女孩是如何从对母亲的依恋转向对父亲的依恋的？或者换言之，女孩是如何从其男性阶段转向生物学为她确定的女性阶段的？

如果我们假定，从某个特定的年龄开始，异性相吸的基本影响显出效果，小女孩急着找个男人，而同一法则允许男孩继续和母亲在一起，那么这种假定将是一种既完美又简单的解决办法。我们也许还可以假定，在这个时期，孩子们遵从他们的父母的性偏爱给予他们的那些指示。但是，事情并不像我们所想象那样简单，我们几乎不知道，我们是否可以认真地相信那个深奥莫测的力量，对这种力量诗人们如醉如痴，而精神分析却一筹莫展。通过非常辛苦的研究，我们获得了一种性质完全不同的答案，至少该答案所需要的材料很容易获得。你们大概知道，有一些女人直到晚年仍然温柔地依恋着父辈对象，甚至自己的父亲，而这些女人的数量是很大的。我们惊讶地发现，这些女人强烈地、长时间地依恋着父亲。我们当然知道，在此之前，女孩有过一个依恋母亲的预备阶段，但是我们并不知道，这一阶段的内容如此丰富，时间持续这么久，会给固着和易感性留下这么多的机会。在这个预备阶段里，父亲不过是一个令人讨厌的竞争对手；在某些情况下，对母亲的依恋熬过了第四年。我们从后来女孩与父亲的关系中所发现的几乎所有的现象，都已经存在于对母亲的依恋中，而且事后转用在父亲身上。总之，我们获得这样的信念：如果不重视这个依恋母亲的前俄狄浦斯阶段，我们就不可能理解女性。

我们现在很想知道，女孩与母亲的力比多关系到底是什么。答案是：女孩与母亲的力比多关系是多种多样的。由于它们贯穿于儿童性欲的所有三个阶段，所以它们也具有每个阶段的特点，表现为嘴的、肛门施虐的和阴茎的愿望。这些愿望既体现了被动性冲动，也体现了主动性冲动；如果我们把它们与后来出现的性别上的差异联系起来看（不过我们应该尽可能避免这样做），那么我们可以把它们叫作男性的和女性的冲动。此外，它们充满了矛盾，既具有温柔的性质，也具有敌对和攻击的性质。后者常常在它们转变为焦虑观念之后才显露出来。要表述这些早期的性愿望并非总是易事；女孩表达得最清楚的愿望，是让母亲怀孕，并按照她的愿望，为她生一个小孩，两者均属于阴茎期，而且非常令人惊讶，但是精神分析的观察无可置疑地证实了这两种愿望的存在。这些考察的吸引力在于它们给我们带来的那些惊人而详细的发现，例如，我们发现，对被人杀死或毒死的恐惧（它们后来可能构成偏执狂疾病的核心）已经在这个前俄狄浦斯时期出现于同母亲的关系中了。再举一个例子：你们回想一下发生在精神分析研究史中的一个引起我许多苦恼的小插曲。那时我们的主要兴趣在于揭示童年时期的性创伤，当时几乎我的所有女患者都告诉我，她们曾被自己的父亲诱奸过。最后，我总算明白过来了，这些指控都是假的，从而懂得，癔症的症状源于幻想，而不是源于真实的事件。只是到了后来，我才能够从这种关于被父亲诱奸的幻想中，辨认出它是典型的女性俄狄浦斯情结的表现。而现在，我们在女孩的前俄狄浦斯情结的来历中再次发现了诱奸的幻想，这时的诱奸者却往往是母亲。但是，此时的幻想涉及现实的基础，因为确实就是女孩的母亲在护理女孩的身体的时候，激起了而且可能是首次激起了女孩在生殖器上的快感。

我估计，你们对幼女与母亲的关系的丰富性和强烈性的这种描述已经产生了怀疑，觉得它太夸张了。我们有机会观察幼女，然而丝毫没有觉察到这类情形。不过这种批评意见并不正确；如果我们乐于观察，我们就可以在儿童身上看到足够多的东西，而且你们应该考虑到，一个儿童能够在前意识中表现出来或者甚至能够告之他人的性愿望是多么少啊！如果我们事后在那些人身上（在他们那里，这些发展过程达到了一种特别清晰的，甚至过分的形成）对这种情感世界的后遗影响和后果进行研究，那么我们只是使用了一种正当的权利。病理学总是通过隔离和夸大的办法，帮助我们识别那些在常态下隐而不露的情况。而且，由于我们的研究绝对不是在那些严重变态的人身上进行的，所以我认为研究的结果是值得依赖的。

我们现在所关注的问题是：女孩对母亲的这种强烈的依恋何以毁灭呢？我们知道，这是它的通常的命运；它注定要让位于对父亲的依恋。在这里，我们意外发现了一个进一步给我们指明道路的事实，即发展到这一步的时候，问题不仅仅是对象的简单改变。对母亲的疏远表现为对母亲怀有敌意，对母亲的依恋以仇恨告终。这种仇恨可能变得不显著，甚至延续终生；它也可能在后来得到周到而过度的补偿，通常它的一部分得到了克服，而另一部分持续存在。童年较晚时期的事情对此当然产生了强烈的影响，不过我们只打算研究女孩转向父亲时对母亲的仇恨，并且询问有关的动机。我们听到一个详细的清单，上面列举了女孩对母亲的各种指责和抱怨，它们据说可以证明女孩对母亲怀有的那些敌对的感情是有理由的，它们具有很不同的价值，我们必须重视它们。其中有一些显然是经过了合理化，但是我们得找到敌意的真正根源。如果我这次引导你们熟悉精神分析研究的一切细节，我希望你们对此感兴趣。

对母亲的指责可以追溯到儿童发展的最早时期，原因是母亲给孩子的奶太少，这说明母亲对孩子缺少爱。如今，在我们各自的家庭中，这种指责多少可算是有根据的。我们的母亲们常常不为孩子提供充足的食物，而且只满足于给孩子喂几个月的奶，半年或九个月。在某些原始的民族那里，母亲给孩子喂奶的时间长达两至三年。通常用母乳喂养孩子的奶妈和母亲融为一体；一旦这一点并未发生，孩子的指责就会转向另一个人，即转向母亲，因为她过早地把如此热心地喂养孩子的奶妈打发走了。不过，不管实际存在的事实情况可能是什么，儿童对母亲的指责往往被证明是无理的。确切地说，儿童对其最初的食物贪欲似乎是止不住的，它从来不会把失去母亲的乳房放在心上。如果对一个已经会跑和会说话但仍然可以吮吸母亲的乳房的原始人进行分析会披露出同样的指责，我是不会感到惊奇的。不再吮吸母亲的乳房很可能也和害怕被毒死有关。毒品是使人致病的食物。儿童也有可能把他早年的疾病归因于这种拒绝。为了相信偶然发生的事件，需要事物进行大量的智力训练；原始人、没有文化的人，当然也包括儿童在内，知道为所发生的任何事情说明一个理由。这最初也许是泛灵论意义上的一个动机。在我们的居民的某些阶层中，至今还有人认为，一个人的死亡肯定是被另一个人所杀，而最有可能是被医生所杀。而神经症患者通常对一个与自己关系密切的人的死亡的反应是自责，即是他自己引起了后者的死亡。

当第二个孩子出现在保育室里时，头一个孩子对母亲的又一种指责突然爆发了。如有可能，这种指责和口欲的失效有密切的关系。母亲不可能或不愿意为头一个孩子提供更多的奶水，因为她需要为刚出世的孩子提供食物。如果这两个孩子的年龄非常接近，以致母亲的乳汁分泌由于第二次妊娠而受到损害，那么这种指责就获得了真实的理由。值得注意的是，一个孩子,即使他与新生儿的年龄只相差十一个月,也能够察觉到这种事态。儿童对不受欢迎的入侵者和竞争对手的妒忌不仅仅表现在母乳的供应上,而且还表现在母亲照料孩子的其他一切方面。他感到自己被赶下王位,感到自己的权利遭到了剥夺和损害。他把妒忌的仇恨投向小弟弟或小妹妹,对背信弃义的母亲怀恨在心,这种怨恨常常表现在他不受欢迎的行为中。譬如说,他变"坏了",容易发火,不听话,并且取消了他在控制排泄方面所取得的进展。这一切早就家喻户晓,是不言而喻的。但是,关于这些妒忌性冲动的强度,它们顽强的附着力,以及它们对以后的发展的重要影响,我们却很少形成正确的观念。特别是在儿童时代的后期,这种妒忌不断地获得新的滋长,每逢有一个新弟弟或妹妹诞生,整个的震动就会再次发生。即便这个孩子是母亲偏爱的宝贝,情况也没有发生多大变化;这个孩子对爱的要求是无节制的,他要求独占而不能容忍别人分享。

儿童对母亲的敌意还有一个够大的根源,即他的多样化的、视力比多阶段而定的变化无常的性愿望,它们多半不能得到满足。在儿童所遭受的挫折中,最强烈的挫折发生在阴茎期,此时,母亲禁止儿童用生殖器获得快感的活动(这种禁止常常采用严厉的威胁和各种生气的动作),而这种活动毕竟是她本人教给儿童的。人们大概会认为,这些动机足以说明女孩不与母亲往来的理由。人们因此会得出这样的判断,即儿童和母亲的这种失和不可避免地源于儿童的性欲特征,源于爱的无节制的要求和无法实现的性愿望。也许人们甚至认为,儿童的这种最初的爱情关系是注定要灭亡的,而原因恰恰在于最初的爱情关系,在于这些早期的客体投注常常是高度矛盾的;除了强烈的爱之外,始终存在着一种强烈的攻击性倾向,一个儿童越是热烈地爱他的对象,他对于那个对象给他带来的失望和挫折就越加敏感，而这种爱最终一定会屈服于积聚起来的恨。人们也许会否定爱情投注最初是矛盾的这种看法，也许会指出，这是母子关系的特殊性质，它以同样的不可避免性导致儿童爱情的失灵，因为甚至最宽容的教育也会采取强制手段和限制措施，而任何这种对儿童自由的侵犯，都必将激起儿童的反抗性和攻击性倾向，作为对这种侵犯的反应。我认为，对这些可能性进行讨论，也许会是十分有趣的，但是又出现了另一种反对意见，它迫使我们把我们的注意力转向其他方面。冷落、爱情上的失望、妒忌、随后遭到禁止的诱奸，所有这些因素毕竟也在男孩和母亲的关系中起作用，但是它们不可能离间男孩与作为对象的母亲的关系。因此，只有我们找到某种仅为女孩所特有的东西（在男孩身上不存在这种东西，或这种东西不以这样的方式出现在男孩身上），我们才能说明女孩终止对母亲的依恋这种现象。

我认为，我们已经找到了这种特殊的因素，而且是在我们所期待的地方找到的，尽管是以预想不到的形式。我所说的我们所期待的地方，是指阉割情结。解剖学上的［性别］区别毕竟得表现为心理上的结果。不过，当我们从分析中得知，女孩认为母亲对她缺少阴茎负有责任时，我们是感到十分意外的，她因为这种亏待而不会原谅她的母亲。

你们听到，我们认为妇女也具有阉割情结。这话很有道理。但是它的内容却不同于男孩的阉割情结的内容。男孩通过观看女性生殖器得知，他十分重视的阴茎并非一定要与身体相伴随，之后他就产生了阉割情结。然后，他回想起他因摆弄阴茎而招致的那些恫吓，并且开始相信它们，从此深受阉割焦虑的影响，而阉割焦虑变成了他以后发展的最强大的动力。女孩的阉割情结同样是通过观看男孩的生殖器产生的。我们得承认，她立刻注意到这种区别，也注意到这种区别的意义。女孩感到自己受到严重的损害，她常常表示，她也想“有那样一个东西”，于是沉溺于“阴茎羡慕”，而阴茎羡慕同样在她的发展和性格形成中留下不可磨灭的痕迹，并且甚至在最有利的情况下，为了克服阴茎羡慕，她得花费大量的心理能量。女孩承认自己缺少阴茎这一事实，但这并不意味着她轻率地屈从于这一事实。相反地，她长时间地坚持希望自己获得某种阴茎那样的东西，而且相信这种可能性，直至难以置信的很多年后。精神分析可以证明，即使儿童知道现实早就否定了这种愿望，并指出它不可能得到满足，但这种愿望仍继续留在无意识中，并且保持着相当可观的能量投注。希望最终能够获得所期望的阴茎这一愿望能对那些动机作出自己的贡献，这些动机逼迫成熟了的女性向精神分析求教，可以理解，她们希望从精神分析中获得的东西，大约是从事一种智力的职业的能力，而这种能力往往被看作是这种被压抑的愿望的一种升华了的修正。

毋庸置疑，阴茎羡慕具有重要的意义。如果我断言，羡慕和妒忌在女性的精神生活中的作用要比在男人精神生活中的作用更大，那么你们听到这点之后，会把它看作是对男子不公正的实例。我并不认为羡慕和妒忌这些品质不存在于男人身上，也不认为这些品质的根源仅仅是对阴茎的羡慕，但是我倾向于认为，在女人身上，阴茎羡慕的影响较之在男人身上更大。但是，有些精神分析师已显示出这样一种倾向：他们贬低阴茎羡慕的最初发生在阴茎期的重要性。他们认为，我们从女性的这种态度中所发现的东西主要是一种继发性构成，它是在后来发生冲突时，由于退行至那种幼儿早期的冲动而产生的。不过，这是深层心理学的一个普遍的问题。在许多病理学的——或者甚至异乎寻常的——内驱力态度中，例如在一切性倒错中，产生了这样的问题，即这些内驱力态度的强度有多少应归因于幼儿早期的那些固着，有多少应归因于以后的经历和发展的影响。在这个问题上，事情几乎总是涉及我们在讨论神经症病因时所假设的那些补偿系列。上述两种因素在病因上交替地起作用；如果一方的作用较小，另一方的作用就较大，以此相互补偿。在所有的病例中，幼儿期的行为具有方向性的意义，但不总是起决定作用的，尽管常常是决定性的。恰恰对于阴茎羡慕来说，我坚决主张幼儿期的因素取得优势。

发现自己被阉割是女孩成长过程中的转折点。从此产生了三种发展方向：一种发展方向导致性阻碍或神经症；另一种导致女孩的性格改变，即女孩产生了男子气概情结；第三种导致正常的女性气质。对这三种发展方向我们已拥有相当多的知识，尽管并没有认识一切。第一种发展方向的主要内容是，迄今为止一直像男孩一样生活的小姑娘此时已懂得通过刺激阴蒂获得快感，并把这种活动与她那些针对母亲的而且常常是主动的性愿望联系起来，但是现在，由于阴茎羡慕的影响，她对自己男性化的性欲享受受到了损害。由于和装备上比自己好得多的男孩进行比较，她感到自己的自恋受到了伤害，于是她放弃了从阴蒂上获取满足的做法，摒弃了她对母亲的爱，而且常常压抑她的很大一部分性追求。和母亲的反目可能不是突然发生的，因为女孩最初把她的阉割看作是她个人的不幸，后来才逐渐地把阉割扩展到其他的女性，最后扩展到她的母亲。她的爱原本是针对男性化的母亲的；随着发现母亲也遭到阉割，她就有可能不再把母亲当作爱的对象，结果她心中长期积累起来的对母亲的敌意便占了上风。所以，这意味着，由于发现女性缺少阴茎，对女孩以及男孩来说，也许对于后来的成年男子来说，女人的价值就降低了。

你们大家都知道，我们的神经症患者承认，他们之所以生病，非常重要的原因在于他们的手淫。他们把他们所有的病痛都归罪于他们的手淫，我们很难使他们相信他们错了。但是，我们的确应该向他们承认，他们是对的，因为手淫是儿童的性欲的执行者，他们当然深受儿童性欲的这种错误发展之苦。可是神经症患者通常把他们的病痛归罪于青春期的手淫，而实际上极其重要的幼儿早期的手淫却多半被他忘记了。我希望日后能有机会向你们详细阐明，早期手淫的所有真实的细节对于个体后来产生的神经症和性格是多么重要。这种手淫是否被发现了？父母是如何反对它或容忍它的？儿童自己是否成功地克制了它？这一切在儿童的发展过程中留下了永不磨灭的痕迹。但是我反倒感到高兴，因为我不必这样做。这将是一件艰苦而枯燥的工作。难道你们想使我难堪？因为你们一定会要求我提供一些关于父母或教师应该怎样对待儿童手淫的切实可行的建议。在我即将向你们讲述的女孩的发展过程中，你们将会听到这方面的一个实例，即儿童本人努力摆脱手淫的实例。但是，儿童并非总是能够戒除手淫。当阴茎羡慕激起了反对阴蒂手淫的强烈冲动，而阴蒂手淫却不肯让步时，结果就会发生一场激烈的解放斗争，在这场斗争中，女孩仿佛接替了现在被废黜的母亲的角色，并在反对从阴蒂获取满足的努力中，对自己低劣的阴蒂表现出她的全部不满。多年以后，手淫活动虽然早已被制止了，但是对手淫的兴趣依然存在，我们必须把这种兴趣解释为防御一种一直令人担心的诱惑。这种诱惑表现为同情那些具有类似困难的人，它在他们的婚姻生活中起着动机的作用，甚至能够决定配偶和情侣的选择。所以，根除儿童早期的手淫活动的确不是一件容易或无所谓的事情。

放弃阴蒂的手淫意味着放弃一部分主动性。如今被动性占了上风，女孩转向父亲主要是借助于被动性的内驱力冲动完成的。你们认识到，这样一种发展推力清除了女孩在阴茎期的主动性，并为女性气质打下基础。如果女性气质在发展过程中并没有因为受到压抑而丧失太多，那么它最终就可能是正常的。女孩转向父亲的这种愿望，最初可能是向往阴茎的愿望，它在母亲那里遭到了拒绝，现在则寄希望于父亲。但是，只有当对阴茎的愿望被对婴儿的愿望所取代，也就是说，只有当婴儿按照古老的象征性的等值取代阴茎的时候，这种女性气质才能建立起来。我们觉察到，女孩在早期阶段，即在不受干扰的阴茎阶段，就已经希望有一个孩子；这就是她摆弄玩具娃娃的意义。但是，这种玩耍实际上所表现的并不是她的女性气质，而是与母亲认同，其目的在于用主动性代替被动性。女孩扮演母亲的角色，而玩具娃娃就是她自己；她现在能够对这个玩具娃娃做她的母亲曾对她做过的一切事情。随着阴茎愿望的产生，玩具娃娃才变成了来自女孩父亲的婴儿，随之变成了女性最强烈的愿望目标。如果儿童的这种愿望后来得到了真正的发现，尤其当婴儿是一个带有女孩所渴望的小男孩，女孩就会感到莫大的幸福。在"来自父亲的一个孩子"这个组合中，被充分强调的是孩子而不是父亲。在十全十美的女性气质中，我们隐隐约约地看到女性希望占有阴茎这一古老的男性愿望。不过，更确切地说，我们也许应该把这种阴茎愿望看作一种出色的女性愿望。

随着孩子—阴茎愿望转移到父亲身上，女孩便进入了俄狄浦斯情结的状态。她对母亲的敌视（这无需重新产生）现在被大大加强了，因为母亲变成了她的竞争对手，母亲从父亲那里获得了女孩要求从父亲那里获得的一切东西。在我们看来，女孩的俄狄浦斯情结长时间地掩盖着她在前俄狄浦斯阶段对母亲的依恋，而对母亲的依恋毕竟是很重要的，并且留下了许多持久的固着。对于女孩来说，这种俄狄浦斯处境是一种漫长而艰难的发展的终点，某种暂时的解决，某种不会很快抛弃的宁静状态，尤其是在潜伏期的开始为期不远的时候。现在我们注意到，在俄狄浦斯情结与阉割情结的关系中反映出两性之间的一种区别，这种区别很可能是后果严重的。男孩的俄狄浦斯情结——其特点是男孩追求母亲，并想杀死作为他的竞争对手的父亲——当然是从他崇拜男性生殖器的性欲阶段发展而来的。但是，阉割的威胁迫使他放弃了这种态度。面临有可能失去阴茎的危险，男孩抛弃和压抑俄狄浦斯情结，而且俄狄浦斯情结在最正常的情况下也被彻底破坏了（参见第三十二讲："就是说，在这种合乎愿望的情况下，俄狄浦斯情结不仅仅被压抑，而且在本我中被破坏了。"），而严厉的超我被指定为它的继承人。在女孩那里发生的情况几乎正好相反。她的阉割情结是为俄狄浦斯情结作准备而不是破坏它；她由于受到阴茎羡慕的影响而不得不放弃对母亲的依恋，她进入俄狄浦斯状态就像进入避难所。由于不存在对阉割的恐惧，女孩便缺少一种曾经逼迫男孩克服俄狄浦斯情结的主要动机。女孩长时间地滞留在俄狄浦斯情结里，只是在后期才消除它，但很不彻底。在这些条件下，超我的形成必然会受到毁坏，换句话说，超我不可能达到赋予它以文化意义的力量和独立性。可是，当我们指出这个因素对一般的女性性格产生的效果时，那些女权主义者却不喜欢听。

现在让我们略为回顾一下：我们曾经提到，发现女性被阉割之后的第二种可能的反应是一种强有力的男子气概情结的发展。这一情结意味着，女孩仿佛拒绝承认被阉割这一不让人喜欢的事实，她倔强地进行反抗，甚至夸大她迄今为止的男子气概，坚持进行阴蒂手淫活动，而且与男性化的母亲或父亲认同，以求找到避难所。能够对这种结局起决定性作用的因素是什么呢？我们只能假定它是某种体质上的因素，是较高程度的主动性，诸如男性特征那样的东西。尽管如此，这个过程的本质在于：在发展的这个阶段，女孩避开了被动性的发作，从而成功地转向女性气质。我们觉得，这种男子气概情结的最显著的成就是女孩的对象选择受到了影响，即女孩趋向于明显的同性恋。更确切地说，精神分析的经验教导我们，女性的同性恋很少或者从来没有从幼儿期的男性气质直接延续下来。需要指出的是，这样的女孩在一段时间里会把父亲选择为对象，并进入俄狄浦斯状态。不过此后她不可避免地会对她的父亲感到失望，被迫退回到她早期的男子气概情结。我们千万不要过高估计这些失望情绪的重要性；注定要形成女性气质的女孩也会产生失望情绪，尽管效果不同。这种体质上的因素的优势似乎是无可争议的，但是女同性恋发展中的这两个阶段则充分地反映在同性恋者的实践中；她们经常明显地既相互扮演母亲和孩子的角色，又相互扮演丈夫和妻子的角色。

我刚才向你们讲述的东西，可以说是女性的史前史。这是最近几年我们所取得的成就，也是精神分析的琐碎工作的样品，希望你们对此感兴趣。由于女性本身是我们研究的题目，所以我在此要指名提到几位女性，她们对我们的研究作出了重要的贡献。鲁特·迈克·布鲁恩斯维克博士（Dr. Ruth Mack Brunswick）于1928年第一个描述了神经症的一个病例，这个病例求助于前俄狄浦斯阶段中的一种固着，但压根儿没有达到俄狄浦斯状态。这个病例采取妒忌偏执症的形式，经证明是可以进行治疗的。珍妮·拉姆普·德·格鲁特博士（Dr. Jeanne Lampl-de Groot）于1927年通过某些可靠的观察明确指出，女孩在其阴茎期对母亲进行了令人难以置信的活动。海伦·多伊奇博士于1932年指出，同性恋女性的性行为再现了母亲与孩子的关系。

我不打算追踪探讨从青春期走向成熟期的女性气质的进一步情况。在这方面，我们的认识似乎也是不充分的。不过接下去我将拟订若干特征。我把女性的史前史看作某种出发点，所以我在此只想强调一点，即女性气质的发展仍然受到男性的史前时代的残留现象的干扰。频频发生朝那些前俄狄浦斯阶段的固着退行的现象；在某些女性的履历中，男子气概占优势的阶段与女性气质占优势的阶段交替重复存在。被我们男人称为“女人之谜”的东西，有一部分大概来自女性生活中的双重性别这一措词。但是，在这些研究的过程中，另一个问题似乎已经可以作出判断了。我们已经把性生活的动力叫作力比多。性生活是由男性—女性这一极性控制的；所以，可想而知，我们需要注意的是力比多同这种极性的关系。如果事实表明，每种性都有适合于自己的特殊的力比多，以致一种力比多会追求男性性生活的目标，而另一种力比多会追求女性性生活的目标，那么这是不足为奇的。但是，情况绝不是这样。只有一种力比多，它既适合于男性的性功能，也适合于女性的性功能。我们不可能赋予力比多以任何性别；如果我们按照主动性等于男子气概的传统看法，甚至想把力比多叫作男性的，那么我们不应忘记，力比多也代表具有被动性目标的追求。无论如何，“女性的力比多”这种说法是没有根据的。所以，我们的看法是，如果硬要力比多为女性的性功能服务，那么只会给力比多带来更多的束缚。而且，用目的论的话来说，比起男子气概的情况来，大自然较少关心它的女性功能的地位。再次用目的论的话来说，其中的原因可能在于这一事实，即实现生物学上的目标已经托付给男人的攻击性，而且在某种程度上不依赖女人的支持。

女性的性冷淡（它的频频出现似乎证实了这种倒退）是一

种尚未得到充分认识的现象。它有时是因精神冲突产生的，在这种情况下它容易受到影响；在另外一些情况下，它很容易使人想到这样一种假设，即它是由体质上的因素决定的，甚至有某种解剖学的因素在起作用。

我曾经答应还要给你们讲一些我们在精神分析观察中发现的成熟女性气质的心理特征。我们并不要求这些论断具有超出一般的实情价值；况且要分清这些心理特征中有哪些归因于性功能的影响，有哪些归因于社会的培育，并不总是容易的。例如，我们认为自恋现象在更大的程度上属于女性气质，而且自恋现象也影响到女性对对象的选择，对她们来说，被人爱较之爱他人是一种更强烈的需要。而且对阴茎的羡慕也影响到女性对身体的虚荣心，因为她们一定会更高地评价她们的魅力，以此作为对她们最初的性自卑的一种晚期的补偿。羞愧被认为是女性的一种完美的品质，然而它远比我们所料想的要符合风俗。我们认为，它最初的目的在于掩盖生殖器的缺陷。我们并没有忘记，良心在后来还有其他的作用。人们认为，女性对文化史的各种发现和发明没有作出什么贡献。然而，有一种技巧，即编织与纺织，则可能是她们发明的。如果事实果真如此，我们可以试着猜出这一成就的无意识动机。大自然本身似乎为这种模仿提供了榜样，它让性成熟的女性长出阴毛以掩盖生殖器。大自然接着还要采取的步骤是，让这些纤维相互粘在一起，长进身体的皮肤里，并杂乱地交织在一起。如果你们认为这个突然萌发的念头不过是一种幻想而对其加以拒绝，同时认为我所说的缺少阴茎对女性气质的形成产生影响是一种固执想法的话，我当然就毫无办法了。

女性选择对象的那些条件往往由于社会的条件而变得面目全非。但是，只要这种选择可以自由地进行，它就往往是按照女孩曾经希望成为男人这一自恋的理想作出的。如果女孩滞留在对父亲的依恋即俄狄浦斯情结中，那么她的选择是按照父亲的类型。因为当她从依恋母亲转向依恋父亲时，她对母亲的这种敌对而矛盾的感情关系依然存在，所以这种选择有可能保证婚姻的幸福。但是，这种选择的结果往往无助于解决由上述矛盾心理引起的一般的冲突。这种被留下的敌意按正面的依恋关系行事，并蔓延到了新的对象身上。随着时间的推移，作为父亲的继承者的丈夫也变成了母亲的继承者。所以很容易发生这样的事情，即在女性的后半生中，充满着与自己丈夫的斗争，如同在她较短的前半生中充满着对她的母亲的反抗一样。在这种反应宣告结束之后，女性的第二次婚姻很有可能变得更加令人满意了。当婚后第一个孩子诞生之际，恋人们对在女性的气质中可能出现的另一个变化毫无准备。由于女性本人变成了母亲，在这种情况下，她有可能重新与自己的母亲认同（在结婚之前，她曾反对这种认同）并且夺走所有可支配的力比多，导致这种重复性强迫再现了她父母的不幸婚姻。母亲对生儿还是生女作出的不同反应表明，缺少阴茎这个古老的因素始终没有丧失自己的力量。母亲只有在她与儿子的关系中才能获得无限的满足；总而言之，母亲同儿子的关系是一切人际关系中最完美的、最大限度地摆脱了矛盾心理的关系。母亲会把一直被迫压抑在心中的抱负传给儿子，期望他能够实现从她的男子气概情结中遗留下来的一切愿望。如果妻子不能成功地使她的丈夫也处于她儿子的地位，对丈夫起到母亲的作用，那么她的婚姻就会是不牢靠的。

女性与母亲的认同可分为两个层次：一个是前俄狄浦斯阶段，它以女性对母亲充满深情的依恋为基础，并以母亲为榜样；另一个是较晚的阶段，它由俄狄浦斯情结构成，企图摆脱母亲并代之以父亲。我们显然有理由认为，这两个阶段为女性的未来留下了许多东西，没有哪一个阶段是在发展过程中被充分地克服的。但是，对于女性的未来而言，充满深情的前俄狄浦斯依恋的阶段是决定性的；在这个阶段中，女性开始获得了一些品质，这些品质足以使女性在后来实现她在性功能方面的作用并履行她不可估量的社会职责。由于这种认同，她还获得了对男人的吸引力，使男人对其母亲的那种俄狄浦斯式的依恋变成对她的热恋。不过，经常发生的情况却是，只有儿子才能获得父亲曾经为自己争取到的东西。我们得到的印象是，男人之爱和女人之爱，从心理学的角度上看，在发展阶段上是不同的。

女性往往被认为缺少正义感，这显然与在她们的精神生活中妒忌占优势有关，因为正义的要求就是对妒忌的一种借鉴，也就是说，正义的要求规定某种条件，只要人们遵守这个条件，就能克服妒忌。我们还认为，女性的社会兴趣比较淡薄；与男人相比，她们更缺少使自己的内驱力得到升华的能力。前一种情况显然源于一切性关系所特有的自私的性质。恋人们相互得到满足，就连家庭也反对加入更广泛的联合会。升华的能力在个体那里发生极大的波动。与此相反，我得提到一种我在分析活动中一再获得的印象，一个三十岁左右的男人，在我们看来是一个年轻的、有点不够成熟的个体，我们希望他能充分利用精神分析为他揭示的各种发展可能性；然而相同年龄的女性却常常显示出令我们吃惊的心理上的僵化和不变性。她的力比多已定格在最后的状态，并且似乎不可能代之以其他状态了。对她来说，不存在通向进一步发展的道路；整个过程似乎已经结束，从这时起，精神分析不可能对她产生影响了。的确，这种通向女性气质的艰巨发展似乎耗尽了她的能力。作为精神疗法医生，我们为这种事态而感到悲痛，尽管我们通过消除这种神经症的冲突成功地治好了她的疾病。

以上便是我要告诉你们的关于女性气质的一切情况。它们当然不齐全,纯粹是些断简残篇,听起来也不总是亲切的。但是,请你们不要忘记,我对女性所作的描述仅限于她们的气质由她们的性功能决定这一方面。这种影响确实是非常深远的。不过我们也注意到,单个的女性即使在平时也是人类中的一员。如果你们想知道更多有关女性气质的情况,你们就去询问自己的生活经验,或者去向诗人请教,或者等待科学能为你们提供更深刻、更首尾一致的知识吧。

第三十四讲　解释、应用和确定方向

女士们、先生们！这么说吧，为了替换这种枯燥的语调，请允许我给你们讲一些很少有理论意义的事情，但是，如果你们对精神分析怀有善意，你们会对这些事情感到亲切的。例如，我们假定你们在空闲时拿起一本德国的、英国的或美国的小说，在这部小说里，你们希望找到一段有关当今的人和社会情况的描写。你们翻了几页之后，意外发现作者对精神分析的第一个意见，接着又看到了其他意见，尽管从上下文来看这些意见似乎没有必要。你们不必认为，作者在这里运用了深层心理学，以便读者更好地理解文本中的人物或他们的行为；当然，也有一些较为严肃的文学作品的确试图运用深层心理学。不，这多半是一些嘲讽的评语，作者以此炫耀他的博学或智力超群。你们也并不总是觉得作者确实了解他所道出的东西。又例如，你们和一个好客的社团去休养，休养的地方不一定是维也纳。你们开始交谈，不久后，话题转到精神分析上，你们听到各种各样的人发表他们的评论，他们大多有着非常自信的口气。当然，他们的评论通常是蔑视性的，往往是一种责骂，至少是一种嘲讽。如果你们不小心暴露了你们知道一些有关精神分析的知识，那些人就会对你们发起攻击，要求你们提供资料和说明。不久后，你们坚信，所有这些严厉的评论都缺少依据，这些对手中几乎无人看过精神分析的书，即便看过，他也并没有摆脱他在接触这种新题材时产生的最初的抵触情绪。

你们也许希望精神分析引论也能为你们提供一种指南，例如，为了纠正人们关于精神分析的明显的错误，我们需要运用哪些论据？为了获得更为准确的信息，需要读哪一些书？或者，为了改变社会的看法，你们在讨论中应该从你们的读物或经验中吸取哪些例子？我请求你们，上述的事情一件都不要做，那是徒劳无益的；最好的办法是完全把你们的自作聪明藏起来。如果这一点也办不到，那你们就仅限于向别人说明，就你们所知，精神分析是一种特殊的知识领域，很难理解，也很难评价；它研究一些非常严肃的事情，所以开几句玩笑是不可能了解它的；因此，为了社会消遣的目的，最好是选择其他的玩具吧。当然，如果有人不小心讲出他们所做的事，你们也不要试图加以解释，更不要通过关于治疗的报道为精神分析争取好感。

然而，你们可能会提出这样的问题：这些人——包括写书的人和交谈的人——为什么表现得这样错误百出？你们也许会认为，原因不仅仅在于这些人，而且也在于精神分析。我也是这样认为的；你们在文学作品和社交界中遇到的那种偏见，乃是早期的某种评价的后续作用，这种评价是官方的科学的代表们对年轻的精神分析作出的。我曾经在我于1914年写的《论精神分析运动的历史》（*Zur Geschichte der psychoanalytischen Bewegung*）一书中为此而悲痛。我将不再采取那种做法，那一次也许是太过分了，不过，当时我的确没有违反逻辑，也没有违反礼节和良好的审美能力，而精神分析的那些科学界的对手恰恰是和我反其道而行之的。这种情景不禁使我想起中世纪发生的事情：当某个罪犯或某个政治上的对手被缚在刑柱上的时候，暴民就肆无忌惮地虐待他们。你们也许没有清楚地认识到，在我们的社会中，这种暴民作风正向社会的上层蔓延；当人们感到自己是民众的组成部分而不必承担个人责任时，他们就会胡作非为，伤天害理。那时，也就是精神分析运动开始的时候，我感到相当孤立，很快我就认识到，论战毫无希望，抱怨和向社会地位较高的人求助同样毫无意义，因为并不存在受理我的上诉的主管机关。所以我选择了另一条道路；我首次运用精神分析，我把民众的这种行为解释成我曾经不得不与之斗争的、发生在单个的患者身上的同类抵抗的现象。我甚至放弃了论战，而且当我的追随者渐渐参加进来的时候，影响他们按相同的方向进行工作。这个方法是好的，从那以后，当时对精神分析实行的放逐撤销了，但是精神分析就像一种被抛弃了的信仰一样，作为迷信继续活在人们的心中；精神分析作为一种已被科学所扬弃的理论被当作民意保留下来，所以，科学界对精神分析所进行的最初的放逐，今天仍继续存在于著书立说者或高谈阔论的门外汉的嘲讽和蔑视之中。所以，你们知道了这种情况，就不再会感到惊奇了。

然而，你们别指望听到好消息，诸如为精神分析进行的斗争已经结束了，它已被承认为科学并被大学用作教材等等。这根本谈不上；斗争仍在继续进行，只是以更加文明的形式。也出现了新的情况，即在科学界中形成了一个介于精神分析与其反对派之间的缓冲层，这个缓冲层由那些略微承认精神分析的人组成，他们以洋洋自得和令人费解的文字承认精神分析的某些部分是合理的，但同时又否认精神分析的其他部分，否认他们不可能大声宣布的其他部分。我们很难猜出，是什么东西决定他们的这种选择的。它似乎并不是个人对精神分析的好恶。有的人对性欲产生反感，有的人反对无意识，而特别不受欢迎的似乎是象征的事实。尽管精神分析的大厦尚未建成，但是它甚至在今天就已经表现为一个统一体，谁也不可能随心所欲地把这个统一体拆卸成零部件。而这些折中主义者却似乎没有考虑到这一点。我有这样的印象，这些半拉子的或四分之一的拥护者，在拒绝精神分析的其他部分时，并没有对它们进行过再次检查。这类人中也有一些杰出的学者。我们当然可以原谅他们，因为事实上他们的时间和兴趣主要用在他们所精通的其他事情上。但是，他们在这种情况下为何不抑制自己的评论，为何要明确表态呢？我曾经成功地使其中的一位要人迅速地改变他的看法。他是一位世界著名的批评家，他遵循时代的精神潮流，善解人意，而且具有先知般的洞察力。我在他过了八十岁的时候才认识他，但他的谈话仍然富有魅力。你们很容易猜中我说的是谁。[1]是他而不是我开始谈到精神分析。他以非常谦逊的方式把他自己与我作了比较。“我不过是一个文人，”他说，“而您却是一个自然科学家和发现者。然而，有一件事我得告诉您：我从未对我母亲产生过性的情感。”“您完全用不着意识到那种情感，”我回答说，“对于成年人来说，性的情感的确是无意识的过程。”“啊，您是这样认为的。”他如释重负地说，并紧紧握住我的手。我们还闲聊了几个小时，气氛非常融洽。我后来听说，他在垂暮之年还多次友好地谈到精神分析，还高兴地使用“压抑”这个对他来说是新的词汇。

常言说：应该向自己的敌人学习。我承认，我从来没有做到这一点，不过，我倒是在想，要是我和你们一同揆度精神分析的反对者们对精神分析提出的所有责难和异议，那么这对你们可能是有教益的，因为在这种情况下你们很容易发现，他们的责难和异议不仅是不公正的，而且是违反逻辑的。但是，“进一步考虑后”，我曾经对自己说，那样做非但不会引起人们的兴趣，

1 弗洛伊德指的是丹麦著名学者格奥尔格·勃兰兑斯（Georg Brandes，1842—1927），弗洛伊德一直很钦佩他。——译注

反而使人感到困倦和难堪，这恰恰是我在所有这些年里倍加小心防止的局面。所以，如果我没有继续走这条路，也没有用对我们所谓的科学界的反对者进行评价来打扰你们，那么请你们原谅我。而且这个问题几乎总是牵涉到那样一些人，他们唯一的本领在于肆行无忌，这使得他们漠视精神分析的经验。但是我知道，在其他的情况下，你们绝不会轻易地放过我，你们会责备我，说我的最后一个批评意见对许多人并不适用，“因为他们并没有回避分析的经验，他们对患者进行了分析，也许甚至对自己作了分析；他们甚至在一段时间内变成了您的同事，而且得出了别的观点和理论，因而与您分道扬镳，建立了独立的精神分析流派。这是一些在精神分析的历史中很常见的离经叛道的运动，您应该对我们阐明这些运动的可能性和意义”。

好吧，我愿意试一试；不过，只能简明扼要地阐明，因为这些运动对理解精神分析帮助不大，远非你们所期望的那样。我知道，你们首先会想到阿德勒的“个体心理学”[1]，例如，在美国，个体心理学被认为是我们的精神分析的一个权利平等的旁支，人们常常把它与精神分析相提并论。实际上个体心理学与精神分析没有多少关系，只不过由于某些历史的情况，它寄生于精神分析之中。我们为这一组反对派设想的那些条件，只是在很小的程度上适用于个体心理学的创立者。个体心理学这个名称本身是不恰当的，它似乎是窘迫处境的一种结果，我们知道，把个体心理学用作大众心理学的对立面是合理的，但是我们不会让这一点干扰我们；况且我们所从事的大多是人类个体的心理学。我今天的目的不是对阿德勒的个体心理学作客观的批评，因为在这个引论的计划中并没有安排这个内容，而且我曾经作

1　个体心理学反对弗洛伊德的泛性论，强调社会因素。——译注

过一次这种尝试[1]，没有必要对当时的批评意见作任何改动。不过，我想通过早在精神分析之前发生的一件小事来说明阿德勒的个体心理学给我留下的印象。

在我出生的摩拉维亚的一个小镇——我在三岁时离开了那里——附近，有一所简朴的疗养院，周围绿树成荫，十分美丽。我在上文理高级中学的那些年里多次到那里度假。大约在二十年后，因为一位亲戚生病，我再次到了那个地方。在和一位曾经帮助过我的亲戚的疗养院医生的谈话中，我也问起他与当地农民（我想是斯洛伐克人）的关系。这些农民就是他在冬天里的唯一顾客。他告诉我，他的治疗活动是这样进行的：在门诊时间里，患者们进入他的房间站成一排。他们依次走了出来，向他诉说他们的苦痛，例如腰酸背痛、胃痉挛、疲劳等。然后医生对患者进行检查，在确定方向之后，就对患者大声说出某种诊断，他对每个病例的诊断都是相同的。他把诊断这个词向我翻译出来，其含义近似于说“这简直是中邪了”。我吃惊地问他，这些农民对他的千篇一律的诊断是否反感。“啊，没有！”他回答说，“所有患者都对此非常满意，那正是他们求之不得的东西。每一个回到队列里的患者，就用神情和手势向另一个患者表示：‘是啊，我是一个明白事理的人。’”我当时很少预感到，我在什么样的情况下还会遇到类似的情况。

阿德勒学派的个体心理学家宣称，在任何情况下，即不管是同性恋者还是恋尸癖者，不管是被隔离的强迫性神经症患者还是大喊大叫的疯子，迫使他们生病的起因是他们都想表现自己，过分补偿自己的自卑感，高人一等，或从女性的路线转向男性的路线。记得我们这些年轻的大学生，当人们在门诊部里向我

1　指弗洛伊德在《精神分析运动的历史》（1914）一书中曾对阿德勒的观点作出批评。——译注

们介绍癔症病例时，我们曾经听到某些非常相似的情况。人们告诉我们：癔症患者制造各种症状，为的是使他们自己显得有趣，从而引起人们的注意。这说明古老的智慧总是重复出现！但是，这种支离破碎的心理学似乎在当时也未能向我们解开癔症之谜，例如它并没有说明，为什么这些癔症患者不用其他手段去达到他们的目的。当然，个体心理学家的这个学说中一定包含着某种正确的东西，但一个微粒子却被当成了整体。自我保护内驱力总是设法利用每一种情况，自我也想把疾病转变为对自己有利的条件。这种情况在精神分析中被称为“继发性疾病获益”。当然，如果我们想到受虐狂、无意识的惩罚需要和神经症的自我伤害的事实，那么我们有理由假定，人类存在着各种与自我保护背道而驰的内驱力冲动。当我们考虑到这些事实时，我们甚至对构成个体心理学理论体系的老一套的真理的有效性产生了怀疑。不过，如果一种学说不承认复杂情况，也不采用新的、难于理解的概念，对无意识一无所知，而且一下子排除了压在所有人心头的有关性欲的问题，仅限于去发现可以使人们的生活变得舒适的技能，那么这种学说必然会受到广大群众的欢迎。因为广大群众本身就是懒散的，他们只要求用一个理由说明问题，他们并不会因为科学的庞杂而感谢科学，他们只想要简单的答案，并希望知道问题已经解决了。如果我们考虑到个体心理学是多么符合上述这些要求，我们就会情不自禁地想起《华伦斯坦》中的一段话：

> 如果想法不是那么该死地高明
> 人们就会愿意衷心地称它为愚蠢。

专家们毫不留情地批评精神分析，而对个体心理学的批评一般说来却是小心翼翼的。当然，在美国也有一位德高望重的精神病学者，发表了一篇名为《够了》的文章反对阿德勒，其中对个体心理学家们提出的“重复性强迫”这个概念深表厌恶。但是，如果说其他人对个体心理学更为友好的话，那么这得益于精神分析的反对者们所做的大量的工作。

至于其他从我们的精神分析中分化出去的流派，我就不再讲述了。分化这一事实既无助于赞成也无助于减轻反对精神分析的实情。请你们想一想那些强烈的情感因素，它们使许多人难以把自己列入或从属于某一类型；请你们再想一想那些更大的困难，正如有句格言正确地强调的：“有多少人就有多少观点。”如果意见分歧超过一定的限度，那么最明智的做法就是分手，然后各走各的道路，尤其是当理论上的分歧引起实际行动的变化后果的时候。例如，你们设想，有一位分析师轻视患者个人过去的影响，而是仅仅从他目前的动机和对未来的期待中去寻找神经症的起因。此外，他还忽视对童年的分析，选择了一种完全不同的技术，结果不得不通过增强他的说教性影响和直接指出某些生活目标来弥补被他取消的对童年时期的经历的分析。我们其他的分析师则将指出：“这可能是一个聪明的学派，不过它已不再是精神分析了。”或者，另一个人可能获得这样的认识，即诞生时的焦虑体验为所有后来的精神障碍播下了种子。因此，在他看来，仅仅分析这种印象的后果，并向患者许诺通过三至四个月的治疗就能治好他的病是合乎情理的。你们觉察到，我所选择的两个例子，它们的前提是截然不同的。这几乎是这些“离经叛道的运动”的一个普遍的特点，即每一个这样的运动从精神分析的主题财富中夺取了一部分，例如权力内驱力、伦理冲突、母亲、生殖器等，然后以此为根据使自己独立出去。如果你们认为精神分析的历史中的这种脱离现象在今天较之其他精神运动更为常见，那么我不知道我是否应同意你们的看法。如果情况确实如此，那么在精神分析中存在的理论观点和治疗行动之间的那些紧密的关系对此应该承担责任。光是意见分歧是可以长时间地加以忍受的。可是人们却喜欢谴责我们精神分析者，说我们排斥异己。这种卑鄙的品质的唯一表现，恰恰就是我们与那些持不同意见者分手。除此之外，我们压根儿没有伤害他们；相反，他们并没有吃亏，而且从此以后境况比从前更好，因为他们离开我们之后，通常也就摆脱了一种让我们喘不过气来的精神负担——例如，摆脱了令人憎恨的儿童性欲，或者摆脱了可笑的象征意义，而且在周围的人眼里，他们还算是诚实的，至于我们这些落后的人还一直是不诚实的。实际上——除了一个值得注意的例外之外——正是他们自己把他们排除在精神分析之外的。

你们以宽容的名义还提出哪些要求呢？难道有人说出一种我们认为是完全错误的意见时，我们应该对他说："非常感谢您所表达的这个反对意见。您使我们避免了沾沾自喜的危险，并给我们机会向美国人证明，我们确实是像他们一直期望的那样'宽宏大量的'。我们固然并不相信您所讲的东西，但这没有关系。很可能您和我们一样全都是对的。天知道谁是正确的呢？请允许我们在文献里支持您的观点，尽管您是我们的对手。我们希望您乐于助人，也能坚决支持被您摒弃的我们的观点。"显然，在将来，当爱因斯坦的相对论被完全滥用之后，上述说法将会成为科学活动中的一种违反常理的惯例。的确，我们暂时还做不到这一点。我们按照传统的方式，仅限于捍卫我们自己的信念，并甘冒犯错误的危险，因为错误是不可能防止的，我们拒绝了与我们相矛盾的见解。如果我们认为我们发现了某种更好的东西，那么我们有权修改我们的意见，这一点我们在精神分析中已经多次使用了。

精神分析的最早运用之一，就是教我们理解周围的人因为我们从事精神分析而向我们表明的反对态度。其他各种具有客观性质的运用，可能会引起更为普遍的兴趣。我们最初的目的当然是为了理解人的精神生活的各种紊乱现象，因为一次值得注意的经验已经表明，在这个领域中，理解和治疗几乎是同步进行的，存在着一条可行的、从理解通向治疗的道路。长期以来，这是我们的唯一目的。但是后来我们认识到，在病理学过程和所谓的正常过程之间存在着亲密的关系，甚至存在着内在的同一性，于是精神分析就变成了深层心理学。而且，不借助于心理学，人类所创造或所从事的东西就根本无法理解，所以，我们理所当然地把精神分析运用于众多的知识领域，特别是人文科学的知识领域，强迫它们接受和研究精神分析。遗憾的是，这些任务遇到了一些障碍，这些障碍事出有因，甚至迄今亦未克服。这种运用的先决条件是分析师所具有的专业知识，而具有专业知识的专家们却又对精神分析一无所知，而且也许什么也不想知道。其结果是，精神分析师只好作为业余爱好者，他们或多或少具有足够的装备品，往往操之过急，涉猎诸如神话学、文化史、人种学、宗教学等知识领域。他们被定居在那儿的研究者看作入侵者，他们的方法以及研究结果，只要引起人们的注意，最初总是被否定的。不过，这些情况不断地好转，在所有的领域里，研究精神分析的人员的数目在增加，他们把精神分析运用于他们的专业，并作为殖民地居民接替开拓者。我们在这里可以期望获得大量的新的认识。精神分析的运用也总是精神分析的确认。科学的工作一旦远离实际的活动，那些不可避免的意见之争也会随之变得不怎么激烈。

我觉得引导你们了解精神分析在人文科学中的所有这些运

用，对我来说是一种强烈的诱惑。对于任何一个具有思想上的兴趣的人来说，这些运用都是值得知道的，况且在一段时间里你们压根儿不会听到有关变态和疾病的消息，这对你们来说也是一种理所应当的休息。但是，我不得不放弃这个念头，因为这样做又会使我们超出这些演讲的范围，而且，说实话，我不能胜任这个任务。在这些领域的某些方面，我本人虽然迈出了第一步，但是今天我已不再能通观全局了，我必须做大量的研究，以便真正掌握从我的工作开始到现在为止已经取得的成就。希望你们当中由于我的这一拒绝而感到失望的人，能从我们的杂志《意象》（*Imago*）中获得补偿。这份杂志专门介绍精神分析的各种非医学性质的运用。

不过，我不会如此轻易地放过一个题目，这并不是因为我对它非常熟悉，也不是因为我为它付出了很多心血。恰恰相反，我本人几乎没有研究过这个题目。但是，这个题目非常重要，它充满着对未来的各种希望，它很可能是精神分析所研究的问题当中最重要的问题。我指的是把精神分析应用于教育学，即教育下一代的问题。令人欣慰的是，我至少可以说，我的女儿安娜·弗洛伊德已把这项工作确定为自己毕生的任务，以这种方式弥补我的疏忽。

通向这种运用的途径不难发现。当我们在治疗一个成年的神经症患者，探索他的症状的决定因素时，我们通常要追溯到他的童年时期。对于了解病情和治疗效果来说，光有童年以后时期的各种致病因素的知识是不够的。所以，我们不得不去了解童年时期的心理特点；我们了解到大量只有凭借精神分析才能认识到的事情，因而能够纠正许多一般被认为是可信的有关童年的看法。我们认识到，童年期的最初几年——大约到五岁——具有特殊的重要性。这是因为，首先，那几年是性欲的早期兴旺期，它给成熟期的性生活留下决定性的兴奋作用；其次，这一时期的各种印象遇到一个未成熟的脆弱的自我，而且像创伤那样对自我产生影响。自我不能摆脱由这些印象引起的情感风暴，只有靠压抑才能摆脱它们，所以，在这种情况下，童年期的自我获得了导致以后各种疾病和功能失调的各种素质。我们已经懂得，童年的艰难在于，儿童必须在短时期里掌握几千年文化发展的成果，至少首先要掌握内驱力控制和适应社会这两项成果。儿童通过自身的发展只能实现这种变化的一部分，而许多东西则需要借助于教育强加给他。儿童常常不能十全十美地完成这个任务，对此我们不会感到诧异。在这些童年时期，许多的儿童经历了可以说是类似于神经症的状态，尤其是那些后来明显生病的儿童。某些儿童在尚未发育成熟之前就得了神经症，这种在童年期突发的神经症给父母和医生制造了不少麻烦。

无论是把分析疗法应用于已显示出明确的神经症症状的儿童，还是应用于性格发展正处在不利状况下的儿童，我们对此都并无顾虑。担心精神分析会使儿童受到伤害，这是精神分析的反对者的一贯伎俩，事实证明，这是杞人忧天。我们从这些精神分析活动中获得的好处是，我们借助于儿童这个活生生的对象能够证实我们从成年人那里可以说是从历史的资料中推断出的东西。但是，精神分析对儿童的好处也是非常可喜的。事实证明，对分析治疗来说，儿童是极为适宜的对象；疗效既彻底又持久。当然，为成年人制定的治疗技术必须大大加以改变，方可运用于儿童。儿童心理与成年人心理大相径庭，儿童还不具有超我，自由联想的方法对儿童不适用，而且，由于真正的父母还健在，移情起到另一种作用。我们在成年人身上所反对的那些内在的阻抗，在儿童身上大多被外在的困难所取代了。如果儿童的父母使自己变成这种阻抗的承担者，那么分析的目的乃至分析本身就会经常遭受危险，所以，把对儿童的分析与对其父母施加一部分精神分析的影响结合起来，往往是很有必要的。另一方面，对儿童和成年人进行分析时出现的那些不可避免的差异，由于以下的情况而减少了，即我们的某些患者保持了许多幼儿期的性格特征，以致分析师不得不再次适应他的对象，对他们使用儿童分析的某些技术。其结果自然是，儿童分析成了女性分析师的专长，而且这种局面还会长期保留下去。

我们的大多数儿童在其发展过程中经历了一个神经症阶段，这种认识本身包含着一种卫生学要求的萌芽。我们可以提出这样的问题：尽管儿童没有显示出精神失调的迹象，但作为一种关心他的健康的措施，他得到了精神分析的帮助，这就如同今天我们不等到发现健康的儿童患白喉病就给他们注射预防针那样，这是否是符合目的的呢？对这个问题的讨论目前仅具有学术意义；我可以告诉你们，我准备和诸位讨论这个问题；在我们同时代的许多人看来，这个项目似乎是一宗弥天大罪，考虑到大多数父母对精神分析采取的这种态度，我们目前只好放弃将这个项目付诸实行的任何希望。这种对神经症的预防——它很可能是非常有效的——也要以社会的一种完全不同的状态为先决条件。把精神分析应用于教育这个词条，今天只有在其他地方才能找到。我们需要弄明白什么是教育的首要任务。儿童应当学会控制内驱力。让儿童自由地、不加限制地依照他的所有冲动办事是不可能的。对于儿童心理学家来说，给予儿童上述的自由，或许是一种非常富有教育意义的实验，但是，对于儿童的父母来说，这简直是活受罪，而且儿童本身也会受到很大的伤害，一部分伤害很快就会表现出来，另一部分伤害在以后的岁月里表现出来。所以，教育必须对儿童的冲动实行制止、禁止和压抑，而且教育时时刻刻大力设法做到了这一点。但是，从精神分析中我们得知，恰恰是这种对内驱力的压抑随之带来患神经症的危险。请你们回想一下，我们曾经详细地调查了神经症产生的各种途径。所以，教育不得不在进退两难的处境中寻找自己的道路。如果这项任务根本无法解决，那么就得找到教育的一种最佳途径，它能够使教育取得最大的成功，产生最小的损害。它认为关键是要确定人们可以禁止的东西的数量，在什么样的时间和用什么样的手段禁止。此外，我们还应该考虑到，我们施以教育影响的对象具有非常不同的体质上的天资，以致教育者的同样的措施不可能一样地惠及所有的儿童。接下来的考虑证明，迄今为止，教育很糟糕地完成了它的任务，并给儿童带来了严重的伤害。如果教育找到了最佳的方法，以理想的方式完成它的任务，就可以希望它消除一种致病因素，即消除童年期偶然发生的创伤所产生的影响。但是，另外一种因素，即不顺从的内驱力的力量，教育无论如何都不可能消除。如果我们现在就考虑人们向教育者提出的这些艰巨的任务，例如他应该怎样看清儿童体质上的特点，怎样以微小的迹象猜出在儿童未成熟的精神生活中发生的事情，怎样既给予儿童适量的爱又保持有效程度的权威，那么我们可以对自己说，对于教育者的职业来说，唯一合乎目的的准备是彻底的精神分析训练。最好的办法是教育者对自己进行分析，因为没有切身体验，就不可能掌握精神分析。对教师和教育者的分析较之对儿童本人的分析，似乎是一种更为有效的预防性措施，而且更易于付诸实施。

顺便说一句，我们认为，精神分析虽然只是间接地促进对儿童的教育，但是，随着时间的推移，它能产生更大的影响。如果父母亲身体验了精神分析，而且从中获益匪浅，例如认识到他们自己的教育的缺点，那么他们将会更好地懂得怎样对待他们的孩子，使孩子避免许多他们自己无法避免的错误。精神分析师在致力于研究分析对教育的影响的同时，还对其他问题，诸如堕落和犯罪活动的产生和预防，进行了研究。在这里，我也只是给你们打开了门，让你们看看大门后面的那些房间，而没有带领你们登堂入室。我知道，如果你们忠贞不渝地保持对精神分析的兴趣，你们将会听到许多有关这些题目的新颖而很有价值的知识。不过，在结束教育这个题目之前，我还要谈一谈它的某一个观点。有人认为——这当然是对的——任何教育都是有党性的，它致力于使儿童融入现存的社会制度，而不顾及这个社会制度本身多么有价值或多么持久。如果我们深信在我们目前的社会机构中存在着各种各样的缺点，那么，以精神分析为准的教育就不可能为这些社会机构服务。我们必须为以精神分析为准的教育立下另外一个更高的目标，这个目标业已摆脱了流行的社会要求的束缚。然而，在我看来，这个论据在这里不合适。这个要求超出了精神分析的正当功能的范围。同理，一个医生被叫去给患肺炎的人治病，他无需关心这个患者是否正直，是否是企图自杀者或罪犯，是否值得继续活着或我们是否应当希望他继续活着。同样，人们打算给教育立的另外一个目标，也会是一种有党性的目标，而在党派之间作抉择，这不是分析师的事情。我压根儿没有考虑到，如果精神分析声明信奉那些与现存社会制度互不相容的目的，它对教育施加的任何影响都会遭到拒绝。以精神分析为准的教育，如果它试图把它的寄宿学生塑造成骚乱者，那么它就得承担一种不受欢迎的责任。如果它让它的学生尽可能健康而富有才干地离开学校，那么它就算尽到了本分。这种教育本身所包含的足够的革命因素，可以保证它所教育的每一个人在今后的生活中不会站到退行和压抑一边。我甚至认为，革命的儿童们，从任何方面看都是不值得向往的。

女士们、先生们！我还想和你们谈一谈作为治疗方法的精神分析。十五年前我论述了这个问题的理论部分，今天我也可以以同样的方式表述它；我现在就告诉你们我在这十五年里所取得的经验。你们知道，精神分析是作为治疗方法诞生的，虽然精神分析远远超出了治疗的范围，但它并没有放弃它的土壤，它仍然保持着与患者的交往，以便加深自己对患者的认识，促进自己的进一步发展。我们从我们所积累的那些印象中发展出我们的理论，而这些印象只有通过与患者的交往才能获得。我们作为治疗者所遭到的失败，一再地向我们提出新的任务，而现实生活的要求则是一种有效的保护，它使我们避免了怀疑的蔓延，尽管怀疑在我们的工作中是不可缺少的。很久以前，我们就讨论过这样一个问题：精神分析用什么样的手段帮助患者？如果它对患者有疗效，那么通过什么样的途径？今天我们想问一问精神分析这种治疗方法究竟取得了多少成就。

你们也许知道我从来不热衷于治疗，所以，你们不用担心我会滥用这次演讲来夸耀分析疗法。我宁愿说得过少而不愿说得过多。当我还是唯一的分析师的时候，我经常听到一些对我的事业表示所谓支持的人对我说："您说的一切相当动听和有趣，但是请让我们看一看您用分析法治愈的患者的病例吧。"人们为了把他们所讨厌的新生事物置之一旁，常常随时间的消逝一个接一个地采用毫无内容的套话，上述套话便是其中之一。如今，这种套话和其他套话一样过时了，在我这个分析师的文件夹中，也能找到一大堆被我治愈的患者写的感谢信。类似的现象还有很多。精神分析和其他疗法一样的确是一种疗法。它有自己的成功、失败、困难、局限性和适应范围。有时候人们指责精神分析，主张不必认真对待这种疗法，因为它不敢发表关于它的成就的任何统计资料。从那以后，马克斯·艾亭贡医生（Dr.

Max Eitigon）在柏林创建的精神分析研究所发表了它在头十年里取得的成果的工作报告。这些治疗成果既没有理由使精神分析为之吹嘘，也没有理由使精神分析为之感到惭愧。不过一般说来，这样的统计资料并没有什么教育意义，这些经过加工的材料异质成分太多，以致只有非常大的数目才能说明问题。较好的做法是，询问人们的个别经验。在此我想补充一句：我不相信我们的治疗成果能够与卢尔德[1]的治疗成果相媲美。很多人相信圣母马利亚的奇迹，却不相信无意识的存在。如果我们转向世俗的竞争，我们就会把精神分析疗法和精神治疗的其他方法并列在一起。今天，几乎用不着提及对神经症状态的器质性、物理性治疗。精神分析作为一种精神治疗方法，与医学的其他方法并不对立；它既不贬低它们的价值也不排斥它们。一个想把自己叫作精神治疗家的医生，在给患者治病时，根据患者的特点和各种有利或不利的外部条件，除采用分析法以外还采用所有其他的治疗方法，这两者在理论上并不矛盾。事实上，迫使医疗活动专门化的正是治疗技术。例如，外科术和矫形术就不得不从同一种疗法中分离出来。精神分析活动是艰苦而高要求的，它不可能像一副眼镜那样好用：阅读时戴上，散步时摘下。一个医生通常要么完全接受，要么完全拒绝精神分析疗法。精神治疗家们偶尔也采用精神分析疗法，但是据我所知，他们并不具备牢固的分析学基础；他们并没有接受整个的分析法，而是将分析法的内容淡化，也可能给分析法“脱毒”；所以他们算不上是分析师。我想这是令人遗憾的；但是，在医疗活动中，如果分析师与局限于本专业的其他方法的精神治疗家携手合作，那将会是完全合乎目的的。

---

1 卢尔德（Lourdes），位于法国西南部的一个小镇，有一座供奉圣母马利亚的神庙，天主教徒到这里朝圣或治病。——译注

与精神治疗的其他方法相比，精神分析无疑是最有影响力的治疗方法。这是不言而喻的，但是另一方面，精神分析也是最费力气、最费时的治疗方法，它对某些轻微的病例并不适用；对于合适的病例，使用这种方法就可以消除精神失调，并引起人们在分析法产生前的时期不敢指望的种种变化。但是，分析法也有自己非常明显的局限性。我的一些拥护者在治疗方面有着雄心壮志，他们作出了极大的努力，希望克服这些障碍，通过精神分析治愈每一种神经紊乱。他们曾经试图缩短分析工作的时间，增强移情作用，期望它能克服任何阻抗；为了迫使患者接受治疗，他们还把其他各种形式的影响和移情作用结合起来。这些努力当然值得称赞，但我认为它们是徒劳无益的。它们还带来一种危险，即迫使自己脱离分析法，陷入不着边际的实验过程。我怀疑这种希望每一种神经症都能被治愈的愿望，可能源于外行的一种信仰，即他们认为神经症是根本没有权利存在的某种完全多余的东西。而事实上神经症却是严重的、依赖于体质的疾病，它们难得局限于几次发作，而是通常要持续很长一个时期甚至终生。分析的经验表明，如果我们掌握了历史的病因和偶然的辅助性的因素，我们就能够广泛地影响这些依赖于体质的疾病；但是分析的经验也曾促使我们忽视了治疗实践中的体质上的因素；对于这种因素我们不会给它带来任何伤害；在理论上我们应该始终把它记住。分析疗法一贯难于接近神经症，但精神病（Psychose）与神经症（Neurose）关系密切，所以我们对后者的要求应当受到限制。精神分析的疗效由于一系列重要的和难以攻破的因素而受到限制。对儿童来说（我们可以指望在他那里取得最大的疗效），妨碍取得最大疗效的因素是父母的情况等外部困难，虽然它们是属于儿童自身的。对成年人来说，困难主要产生于两种因素：患者的心理僵化程度和疾病的状态，当然，在疾病状态中还包含着其他更深刻的决定因素。第一种因素往往被错误地忽略了。无论精神生活的可塑性和重温往事的可能性有多么大，总有一些东西是不会重新活跃起来的。在某些场合，当一个过程结束时，某些变化看来已成定局，并相当于长出了伤疤。在另一些场合，我们的印象是患者的精神生活已陷入全面僵化；他的精神过程——我们完全可以为它们指出别的途径——似乎没有能力摒弃原来的途径。但是，这也许是我刚才提到的同一种现象，只不过我们的着眼点不同罢了。我们一再地感到，这种治疗由于缺乏患者方面的某种必需的动力，所以无法实现变化。患者身上的某种依赖性，某种内驱力的成分，比我们所能够动员起来的对抗力量要强大得多。就精神病而言，这是相当普遍的现象。我们基本上熟悉这些精神病，所以我们清楚地知道在什么时候应该采取相应的措施，但这些措施并不能搬动这个重物。在这一方面，我们只好寄希望于未来，即寄希望于我们关于荷尔蒙作用的知识——你们知道这是什么东西——它借给我们战胜这些疾病的数量因素的手段，但是今天我们离这个目标还很远。我知道，对所有这些情况还没把握不断地激发我们去完善分析尤其是移情的技术。尤其是使用分析法的新手，一旦他们遭到失败，他们就会怀疑，是应该责备病例的古怪呢，还是应该责备自己没有熟练地使用治疗方法。但是，正如我已经说过的，我认为这方面的努力不可能有所收获。

疾病的状态是限制分析法取得成功的另一种因素。你们已经知道，分析治疗的应用领域是各种移情性神经症，诸如焦虑性神经症、癔症、强迫性神经症，此外还有各种已经形成并取代了上述疾病的性格异常。而别的一些疾病，如自恋的和精神性的状态，则或多或少是不适用的。所以，小心地排除这类病例，以防止遭受失败，是完全合理的。由于这种小心谨慎，分析的统计获得了重大改进。不过这样做肯定有麻烦。我们的诊断往往是在事后才作出的。这些诊断颇像我在维克多·雨果的作品中读到的苏格兰国王识别女巫的试验。这位国王声称他掌握一种识别女巫的准确无误的方法。他让人把女巫放在沸水锅里煮，然后品尝肉汤，这样他就能够说“那是一个女巫”或“不，那个人不是女巫”。我们的情况与此相同，不过我们都是受害者。我们只有对来求医的患者或来接受培训的投考者进行几个星期或几个月的分析观察之后，才能对他作出评价。我们的确是在一阵瞎忙。患者具有不明确的、一般性的病痛，要对它们作出可靠的诊断是不可能的。在这个考验期之后，结果却很可能是患者不适于作分析治疗。在这种情况下，如果是来接受培训的考生，我们就把他打发走；如果是患者，我们就再试验一段时间，看看我们是否能够在他身上看到更有利的情形。患者通过扩大我们的失败清单进行报复，而遭到拒绝的考生，如果他是一个偏执狂患者的话，就会通过亲自拟定精神分析的著作来进行报复。你们看到，我们的小心谨慎并没有给我们带来任何好处。

我担心这些详细的论述超出了你们的兴趣范围。不过，要是你们认为我的目的是要你们贬低作为治疗方法的精神分析，我将不胜遗憾。也许我的确做了一个笨拙的开端，因为我想要做的是相反的事：通过指出分析疗法不可避免的局限性，来为这种局限性辩解。本着同样的目的，我现在转向另外一个问题，即人们责备分析疗法用时过长。应该说，精神上的变化实际上是很慢的；如果精神上的变化迅速和突然地出现，那倒反而是一个坏兆头。确实，治疗一种较为严重的神经症，很可能要延续好几年。可是，如果治疗取得成功，你们会问这种疾病到底持续了多长时间。也许十年的疾病经过一年的治疗就治好了，也就是说，正如我们在未治疗的患者身上所看到的，如果不作治疗，这种病是根本不会自行消除的。对于某些病例，我们有理由在多年之后再重新加以分析，生命已经对新的致病诱因形成了新的病变的反应，在这期间我们的患者却已痊愈了。第一次的精神分析事实上并没有使患者的所有病理倾向显露出来，而在治疗取得成功之后，停止分析当然是很自然的。也有一些病情非常严重的人，他们终生都要受到精神分析的照料，并不时地重新接受分析治疗。否则的话，这些人就完全不能自理生活；我们应当感到高兴的是，通过这种分级的和反复的治疗，他们最终能够站立起来。对性格失调的分析也需要漫长的治疗时间，但它常常是成功的。你们还知道有什么别的疗法能够胜任这种任务吗？当然，治疗的抱负是不会因为这些陈述而感到满足的，不过，通过肺结核与狼疮的例子我们已经认识到，只有当某种疗法适应于疾病的性质时，这种疗法才可望成功。

我已经对你们说过，精神分析最初是一种治疗方法。但是，我之所以向你们推荐精神分析，以引起你们对它的兴趣，并不因为它是一种治疗方法，而是因为它的真理的内涵，因为它向我们提供的关于人类，尤其是关于人自身的本性的知识，因为它所揭示的人类各种极其不同的活动之间的联系。作为治疗方法，精神分析是众多治疗方法之一，当然是最棒的一个。如果精神分析没有治疗价值，它就不会对患者感兴趣，就不会持续发展达三十多年。

第三十五讲　关于一种世界观

女士们、先生们！上次聚会时，我们为一些日常生活的小事而担忧，好比整理我们自己的简朴住宅一样。现在我们想作一次大胆的尝试，敢于回答以下这个别人多次向我们提出的问题：精神分析是否导致一种确定的世界观？如果导致，又是哪一种世界观？

我担心“世界观”是一个德国人特有的概念，把它翻译成外文恐怕会有种种困难。如果我尝试给这个概念下一个定义，那么在你们看来这个定义肯定是不雅致的。我认为，世界观是一种理智的结构，它根据一种凌驾一切的假设，统一地解决我们的此在的一切问题，因此，在这个假设中，任何问题都能得到解决，我们所关心的每一件事情都找到了自己的确定位置。不难理解，拥有这样一种世界观是人类梦寐以求的理想愿望。信奉它，人们就能够在生活中感到安全，就能够知道人们力争的东西是什么，怎样才能最有效地对待自己的情感和利益。

如果这就是世界观的性质，那么精神分析就很容易作出回答。作为一门特殊的科学，心理学的一个分支——深层心理学或无意识的心理学——精神分析完全不适宜于建立一种它自己的世界观，它必须接受科学的世界观。但是，科学的世界观已经明显地背离我们的上述定义。诚然，科学的世界观也假定用统一性来解释世界，但是这只是一种纲领，它的实现要推迟到将来。此外,科学的世界观具有各种消极的特征,局限于目前可知的东西,而且严格拒绝某些异己成分。它断言,对世界的认识,除了用理智审查处理受到仔细检查的观察资料,即我们称为研究的东西之外,并没有任何别的来源;此外,它还断言,没有任何知识产生于启示、直觉或预知。这种观点好像是在最近几个世纪里才逐渐得到普遍承认的。然而在我们这个世纪里,却出现了一种傲慢的反对意见,它认为这种世界观既肤浅又令人沮丧,因为它忽视了人的精神的要求和人类心灵的需要。

这种反对意见只能遭到坚决的反驳。它显然毫无根据,因为精神和心灵像有些人们不认识的东西一样,同样也是科学研究的对象。精神分析有一种特殊的权利,可以在这方面为科学的世界观代言,因为它不可能被指责为在世界观中忽视了精神的领域。它对科学的贡献恰恰在于扩大了精神研究的领域。当然,没有这样的心理学,科学就会是很不完整的。然而,如果把对人(和动物)的理智和情感功能的探索纳入科学,那么结果表明,对科学的总的看法丝毫没有改变,不会出现知识或研究方法的新的源泉。直觉和预知,如果它们存在的话,可以是这样的源泉,但是我们可以放心把它们算作是幻想,算作是愿望冲动的满足。我们也不难发现,那些对世界观提出的要求,只建立在情感的基础之上。科学注意到,人类的精神生活创造了这样一些要求,而且愿意考察它们的源泉,但是绝不会承认这些要求是合理的。与此相反,科学把这种情况看作一种告诫,从而小心地把每一种幻想和这种情感要求的产物和知识区分开来。

这样做绝不意味着鄙视这些愿望或贬低它们对于人类生活的价值。我们很愿意密切注视这些愿望在艺术作品中,在宗教和哲学的体系中是如何得到实现的,但是我们毕竟不能忽视,如果允许这些要求转用在认识的领域上，那将是不合理的和高度不切合实际的。因为这样做就会开辟各种通向个体的或群体的神经症王国的道路，就会使那些追求失去投入到现实中的宝贵精力，以便尽可能地去满足现实中的这些愿望和需要。

从科学的立场出发，在世界观问题上免不了要进行批评，采取拒绝和反驳的态度。有人认为，科学是人类精神活动的一个领域，宗教和哲学则是其他领域，后者与科学至少具有同等价值，因此科学无权干预其他两个领域；无论是科学还是宗教和哲学，都有权成为真理；每个人都可以自由地作出选择，他从哪儿获取自己的信念，他把自己的信仰放到哪里。这样的观点被认为是特别大度、宽容、全面，而且摆脱了狭隘偏见的。但不幸的是，它站不住脚，它具有一种完全非科学的世界观的所有害处，而且实际上就等于是后者。事实上，真理是不可能宽宏大量的，它不容许妥协和保留意见；它认为，对人类活动的所有领域进行研究是它自己的职责，任何其他势力如果想为自己没收它的某一部分，必然会遭到它的毫不留情的批判。

在三种有可能否定科学的基础的势力中，只有宗教是严肃的敌人。艺术几乎总是无害而乐善好施的，它所追求的仅仅是幻想。除了产生一些据说是沉迷于艺术的人以外，艺术不敢侵犯现实的领域。哲学与科学并不对立，它像科学一样行事，并部分地采用同样的方法进行研究，但是由于它始终幻想能提供一种完美无缺的、连贯统一的世界观，这种世界观每当我们的知识取得新的进步的时候，必然会土崩瓦解，所以它背离了科学。它过高估计了我们的逻辑运算的认识价值，并承认像直觉那样的其他的知识源泉，结果在方法上就误入了歧途。人们常常提到诗人海涅在《返乡》一文中对哲学家的正当的嘲讽：

他用他的睡帽和晨衣的碎片，
把宇宙构造中的缝隙缝补了起来。

然而，哲学对大量的人群并没有直接的影响；甚至在知识分子的微弱的上层中，也只有少数人对哲学感兴趣，而对其他所有人来说，哲学则几乎是不可理解的。正相反，宗教是一种巨大的力量，它支配着人们最强烈的情感。众所周知，宗教在以往的年代包括了所有作为精神现象在人类生活中起作用的东西，当时几乎还没有一门科学，于是宗教占据了科学的位置，它创造了一种具有无与伦比的前后一致和自成体系的世界观，这种世界观尽管遭受过动摇，却仍然继续保持到了今天。

如果我们想说明宗教的出色的本质，我们就得牢记它试图为人们做些什么。它为人们提供关于宇宙的起源和产生过程的知识；它向人们保证，在人生的浮沉中，能获得保护和最终的幸福；它以其全部的权威制定出各种规章制度，以此控制人们的思想和行动。这样它就实现了三种功能。第一种功能是满足人类的求知欲，它做着科学以自己的手段努力去做的同样的事情，并在这一点上与科学展开竞争。它的第二种功能是对芸芸众生产生极大的影响。它能平息人们对生活中的危险和变迁感到的恐惧，并且向他们保证美好的结局，使他们在不幸中获得安慰，在这方面科学无法与之抗衡。科学虽然也教导人们如何避免某些危险，如何能够战胜某些苦难，所以否认科学是人们的得力助手是很不公平的；但是，在许多情况下，科学不得不听凭人们忍受痛苦，它只能劝告人们要听天由命。它的第三种功能是，提供各种规定，公布禁令和限制，从而最大限度地背离科学。因为科学满足于研究和查明真相。当然，从科学的应用中也能派生出对生活中的行为有指导意义的规则和建议。在某些情况下，科学的规则和宗教的准则是相同的，只不过二者的根据不同罢了。

宗教的这三种内容之间的关系并不完全透明。例如，对宇宙起源的解释和某些伦理准则的再三叮嘱之间有什么关系呢？向人们承诺保护和幸福与那些伦理的要求之间存在着更加密切的关系。前者是对实现这些戒律的一种回报。只有服从这些戒律的人，才可指望获得这些享受，而惩罚则等待着不服从者。顺便提一句，类似的情况在科学中亦存在。科学认为，谁要是不重视它的应用，就会遭受损失。只有对宗教进行遗传学的分析，才能理解宗教中说教、安慰和要求这三方面奇特的结合。遗传学的分析可以从总体的最显著的一点，即宗教关于宇宙起源的说教，开始研究，因为人们会问，宇宙学为什么应该是宗教体系的一个有规则的组成部分呢？按照宗教的教义，宇宙是由一个类似于人的神灵所创造的，而这个神灵在能力、智慧和强烈的激情方面全都增大了，是一个理想化的超人。把动物说成是宇宙的创造者则表明了图腾崇拜的影响，关于图腾崇拜，我们稍后还会略微提及。有趣的是，即使是在信奉多神教的地方，这个宇宙的创造者也始终只是一个男人。同样有趣的是，这个创造者通常是男人，尽管有人提及也有许多女性神祇存在。而且在某些神话中，宇宙的创造恰恰是从一个男神除掉一个被贬低为妖怪的女神开始的。一些最有趣的问题在这里接着出现，不过我们必须抓紧时间。由于这个上帝—创造者直截了当地被叫作父亲，因而我们很容易辨认我们今后的道路。精神分析推断出，他确实是一位父亲，非常了不起，就像小孩眼中的父亲的形象一样。信教的人把宇宙的创造想象为他自己的起源。

这样，我们就很容易解释，那些给人以宽慰的保护和严格的伦理要求，是怎样与宇宙学凑到一块的。因为使孩子得以存在的同一个父亲（或者更确切地说，由父亲和母亲组成的父母的审查机构）也保护和照管着能力薄弱、无法自救、遭受潜伏在外界中的一切危险的儿童；父亲的保护使他感到安全。当一个人逐渐长大之后，他知道自己拥有更大的力量，但与此同时，他也加深了对生活中各种危险的认识，他正确地断定，从根本上说，他仍然像童年时期那样无法自救和缺少保护，跟这个世界相比，他依旧是一个孩子。所以，甚至到现在，他也不会放弃他作为儿童曾经享有过的保护。但是，他也早就认识到，他的父亲是一个能力有限、头脑狭隘的人，并不具备各种各样的优点。因此，他求助于童年时期被他高度评价的记忆中的父亲的形象，并把它升格为神灵，使之成为当前和客观存在的东西。这种记忆中的形象的情感力量以及持续不断地保护它的需求，共同支撑着他对上帝的信仰。

宗教纲领的第三个要点，即伦理的要求，也自然地适应这种童年的情况。我提醒诸位注意康德的那句至理名言，他说，星空和我们心中的道德法则是同呼吸的。不管这种并列听起来多么奇怪——因为各种天体与一个人是否爱或杀死另一个人这个问题能有什么关系呢？——它却触及到了一个重大的心理学事实。给予儿童以生命并保护他免遭各种危险的同一个父亲（父母的审查机构）也教育儿童应当或不应当做些什么，指导他能容忍对他的内驱力愿望的某些限制，并且让儿童知道，要是他想成为家庭圈子里和以后更大的社团的一个可以容忍的和受欢迎的成员的话，他应该对父母和兄弟姊妹考虑些什么。通过爱情上的奖励和惩罚的制度，儿童受到了教育，认识了他的社会职责。人们教导他，他在生活中的安全取决于父母和其他人对他的爱，并取决于他们能相信他对他们的爱。所有这些关系后来被人们原封不动地纳入宗教中。父母的那些禁令和要求作为道德的良心继续活在儿童的心中。借助于同样的奖惩制度，上帝统治着人的世界，那些伦理要求的实现取决于个人在多大程度上获得保护和幸福；个人的安全建立在他对上帝的爱和意识到被上帝所爱的基础上，有了这种安全感，个人就能作好防范外界和周围的人的危险的准备。最后，在祈祷中，他确信可以直接影响神的意志，从而可以分享神的万能。

我知道，你们在听我演讲的过程中，不由得在头脑里产生了很多问题，而且你们很想听一听我对这些问题的回答。此时此地，我不能着手这项工作，但是我坚信，这些细致的研究没有一个会动摇我们的论点，即宗教的世界观取决于我们的童年的情况。然而，更加令人惊奇的是，宗教的世界观尽管具有幼儿期的性质，但它毕竟有一个先驱。毫无疑问，有过一个既无宗教也无众神的时期，它被称为泛灵论时期。那时世界上充斥着类似于人的神灵，我们把它们称为恶魔。外界的所有物体都是它们的所在地，或者也许等同于精灵。然而，当时并不存在一种强于精灵的力量，这种力量创造了所有的精灵，并继续统治着它们，人类也可以向它请求保护和帮助。泛灵论的精灵们大多对人类怀有敌意，不过人类当时似乎比后来更加自信。他们肯定常常处在一种对这些恶魔的极度恐惧状态中；但他们采取某些行动，设法摆脱这些恶魔，而且通过这些行动，他们有能力赶走这些恶魔。即使是在平时，他们也并不认为自己是无能为力的。如果他们想要对大自然提出一个愿望，例如求雨，他们并不向掌管天气的神祈祷，而是使用一种魔法，期待它能直接影响大自然，自己做出类似于下雨的事情。在反对周围的各种势力的斗争中，他们的首要武器就是巫术——我们当今技术的最初的先驱。我们认为，对巫术的信任源于人类过高估计自己的智力运算，源于对“思想的万能”的信仰，顺便提一下，这种信仰也可以在我们的强迫性神经症患者身上重新发现。我们可以想象，那时候的人类对他们在语言方面取得的成就特别自豪，与此同时，这些语言上的成就想必大大方便了人类的思维活动。他们赋予语言以魔力。这种特征后来被宗教所采用："上帝说：'让世界有光，于是世界就有了光。'"此外，巫术行为这个事实表明，信奉泛灵论的人压根儿不相信他的愿望的力量。更确切地说，他实施一种行动是希望产生这样一种效果，即促使大自然模仿他的这一行动。他想要雨水时，就将水倒掉；想激励土地肥沃多产时，就在田里对着土地进行性交的戏剧表演。

你们知道，任何东西一旦获得了精神表现就很难消失了。因此，当你们听到许多泛灵论的言论一直保持到今天，你们就不会感到意外了，这些言论通常作为所谓的迷信，与宗教并存，潜藏于宗教背后。更有甚者，你们几乎不可能否定这样的判断，即我们的哲学也保留着泛灵论思维方式的某些本质的特征，这种思维方式过高估计语言的魅力，并相信世界上实际存在的事物是走我们的思维想给它们指定的道路的。当然，并不存在一种没有巫术动作的泛灵论。另一方面，我们可以指望，在那个时代也存在着某种伦理学，即为人们的相互交往所制定的各种规则，然而我们并没有发现这些规则与泛灵论的信仰有什么内在联系。它们很可能是力量对比和实践需要的直接表现。

我们很想知道，是什么东西迫使泛灵论转变为宗教的。但是，你们可以想象到，人类精神的发展史的远古时期，至今仍然是模糊不清的。别人注意的图腾崇拜是宗教的最初表现形式，这似乎是事实。图腾崇拜也就是动物崇拜，随着图腾崇拜，最初的伦理戒律即禁忌也出现了。当时，我写了一本题为《图腾与禁忌》(*Totem und Tabu*, 1912—1913)的书，在这本书里我详细论述了一种猜测，即从泛灵论到宗教这种转变归因于人类家庭关系中的一次翻天覆地的变化。与泛灵论相比，宗教的主要功能在于使人在心理上受对恶魔的恐惧的约束。然而，作为远古时代的残余，恶魔却在宗教体系中占有一席之地。

如果这就是宗教世界观的来历，那么我们现在转而研究从那以后发生的和目前仍然发生的事情。凭借对自然过程的观察而壮大起来的科学精神，随着时间的流逝，已开始把宗教当作一种人间的事情加以探讨，并对之进行批判性的考察。宗教经不起这种批判性的考察。科学精神首先要考察的是宗教关于各种奇迹的报告，因为它们引起惊异和怀疑，而且与冷静的观察所教给人们的一切相抵触，非常清楚地显示出人类想象活动的影响。接着，宗教关于宇宙起源之解释的教义也遭到了否定，因为它们显示出留有古代烙印的无知，由于人们日益熟悉自然法则，他们肯定会在才智上胜过无知。以前人们认为，宇宙类似于单个的人的起源，产生于生殖行为或创造活动，如今这种看法已不再是最新近的和理所当然的假设了，因为从那以后人们不由想起活跃而富有感情的人和非生物界之间的区别，随着这种区别，人们不可能坚持原始的泛灵论了。此外，我们不应该忽视各种不同的宗教体系的比较研究的影响，我们感到，这些宗教体系是相互排斥和相互不能容忍的。

通过这些预先的练习，科学的精神变得强大了，它终于鼓起勇气，敢于考察宗教世界观的那些最重要和最富于情感价值的部分。人们可能已经看到——尽管在后来才敢于把它说出来——虽然宗教向人们许诺，只要他们履行某些伦理的要求，就会向他们提供保护和幸福，但是宗教的这些主张被证明是不可靠的。看来宇宙中并不存在一种力量，它以父母般的细心照看着个人的健康，并把关系到他的一切引向幸福的结局。更确切地说，人们的命运既不能与宇宙的善良的假设相一致，也不能与部分内容是相反的宇宙的公正的假设相一致。地震、海啸、大火的发生，与善良和虔诚、恶棍或不信神的人风马牛不相及。鉴于我们所考虑的不是非生物界而是单个的人的命运——单个的人的命运取决于他和其他人的关系——即使是在这种情况下，善有善报、恶有恶报的规则也是根本行不通的，强暴的、狡猾的和肆无忌惮的人常常夺取了令人羡慕的人世间的财物，而笃信宗教的人却往往一无所知。各种黑暗的、无同情心的和没有爱的势力决定着人们的命运；宗教认为是世界政权所具有的奖惩制度似乎并不存在。在这里，我们又有理由抛弃宗教从泛灵论中所拯救出的那部分感情。

精神分析对批判宗教的世界观作出了最后的贡献，它指出，宗教来源于儿童的无法自救的心理，而它的内容源于童年时期的那些愿望和需要，这些愿望和需要一直延续到生命的成熟期。这显然并不意味着驳斥宗教，但这毕竟是对我们所了解的宗教的一种必要的充实，而且至少在某一点上是一种矛盾，因为宗教本身也需要神的起源。

因此，科学对宗教世界观的总的评价是：当各种各样的宗教相互抱怨它们当中谁占有真理的时候，我们却认为宗教的真理内涵是可以不予以考虑的。宗教试图借助于由于各种生物和心理的需要在我们身上发展起来的愿望世界克服我们被置于其中的感官世界。但是，宗教不可能做到这一点。它的教义具有它从中产生的那个时期即人类的无知的童年时期的特征。它的安慰不值得信赖。经验教导我们，宇宙并不是保育室。相反，宗教所强调的那些伦理要求另有原因，因为它们对于人类社会来说是不可缺少的，所以，把遵循这些伦理要求和宗教信仰联系起来，是一种危险的做法。如果我们试图把宗教列入人类的发展进程，那么它似乎不是一种持久的行业，而是单个的文化人在其从童年到成人的道路上必须经历的那种神经症的对应物。

你们当然可以自由地批评我的描述，我甚至欢迎你们这样做。我所告诉你们的有关宗教世界观的逐渐衰落的情况，确实很简略，而且很不完全；个别事件的顺序陈述得很不准确。我并未提到各种势力在科学精神的觉醒过程中的协作情形。我也没有论述宗教世界观在其公认的统治时期以及后来在觉醒的批评的影响下所发生的种种变化。最后，严格地讲，我只探讨了宗教，即西方各民族的宗教的一种发展形式。可以这样说，为了加快速度、尽可能给人印象深刻地进行展示，我创造了一种模型。总之，我的知识是否足以更好地和更全面地阐明宗教世界观，这个问题暂且不谈。我知道，我所告诉你们的一切知识，你们在别处也能找到，而且能找到更好的，我这里没有什么新东西。请允许我说出我的信念：对宗教问题的材料进行最细心的审查处理，也不会动摇我们的结论。

你们知道，科学精神反对宗教世界观的战斗并没有结束；它今天仍然在我们眼皮底下进行。虽然精神分析平时很少使用论战的武器，但我们并不想拒绝了解这场争论。在这种情况下，我们也许能够进一步澄清我们对各种世界观的态度。你们将会看到，宗教拥护者提出的某些论据是很容易被驳回的，不过也有一些论据可能很难驳倒。

我们听到的头一个反对意见是：如果科学把宗教作为自己的研究对象，那么这是科学的妄自尊大，因为宗教是某种独立自主的东西，某种胜过人的任何智力活动的东西，不可以对它进行挖空心思的批评。换言之，科学没有资格议论宗教。只要科学局限于自己的领域，它还是很有用的和值得珍视的，可是宗教不是科学的领域，在宗教那里科学毫无用武之地。如果我们不让这种粗暴的拒绝把我们挡住，而是继续提问，宗教所提出的在所有的人间事务中享有特殊地位的要求根据何在，那么我们就会得到这样的回答，如果我们尊重它的话：宗教不可以用人类的尺度加以测量，因为它来源于上帝，它是被圣灵作为启示赐予我们的，而人类精神是不可能理解圣灵的。据说人们认为，这种论据最容易遭到拒绝，它显然是一种预期理由（petitio principii），一种用未经证明的假定来辩论，我知道德语里没有更好的表达方式。事实上这里提出的问题是：神的精神和神的启示是否存在？这个问题单靠这种说法，即不可以提出这个问题，因为神灵是不可以怀疑的，是无法加以解决的。我们在分析工作中偶尔也遇到类似的情况，如果一个平时懂事的患者用一种特别愚蠢的理由反驳某种无理要求，那么这种逻辑上的缺陷确保患者身上存在着一种特别强烈的反抗的动机，这种动机只具有情感的性质，只可能是一种情感上的联系。

我们也可能获得另一种回答，它公开承认这种动机：不能对宗教进行批判性的考察，因为宗教是人类精神创造出来的最高级、最珍贵和最崇高的事物，因为宗教表达出最深沉的感情，唯有它能使世界变得可以忍受，唯有它能使生活变得合乎人的尊严。我们用不着回答对宗教的这种评价为何遭到否定，因为我们所关注的是别的事实情况。我们强调，科学精神压根儿没有侵犯宗教的领域，相反，倒是宗教侵犯了科学思维的领域。无论宗教具有何等价值和意义，它无权以某种方式限制思维，也就是说，它也无权把自己排除在思维的应用之外。

科学思维本质上与正常的思维活动并没有差别。我们大家，包括信教者和不信教者，在处理我们的日常事务时都使用正常的思维活动。科学思维只具有几个明显的特点：它对那些没有直接和伸手可及的好处的事物也感兴趣；它小心谨慎地尽力避开个人的因素和情感的影响；它更加严格地审查作为它的结论之基础的感官知觉的可靠性；它为自己创造用日常的手段无法得到的新的知觉，并通过有意地改变实验把这些新经验的条件隔离起来。它致力于和现实取得一致，也就是说，与存在于我们之外、不依赖于我们的东西取得一致。正如经验所教导我们的，与现实取得一致，对实现或阻碍实现我们的愿望是起决定性作用的。这种与实际存在的外部世界的一致，我们称为真理。即便我们不考虑科学工作的实用价值，这种与外部世界的一致始终产生科学工作的目的。所以，当宗教断言它可以取代科学，声称它由于能令人惬意和使人肃然起敬因而也一定是真的时候，这种说法实际上就是一种侵犯，为了大多数人的利益，我们应当反对这种侵犯。这是对已经学会按经验的规则和考虑到现实来处理自己的日常事务的人提出的一种过分的无理要求，按照这个无理要求，他偏偏应该把他最私下的利益的管理权交给一个审查机构，这个审查机构需要一种特权，即使人摆脱合理的思维、理性的思维的各种清规戒律。至于宗教向其信仰者许诺的保护，我想，如果某个汽车司机宣称他开车绝不受交通规则的约束，而是根据他那满怀激情的想象力的冲动，那么，我们当中谁也不会打算登上他的汽车。

宗教为了自我维护而颁布的对思想的禁令对个人和人类社会同样是危险的。分析的经验已教导我们，这种禁令虽然最初仅局限于某一领域，但它倾向于向外扩张，而在此后成为人们的生活态度中各种严重障碍的原因。这种影响也可以在女性身上观察到，由于这种禁令，她们甚至在思想上也不敢考虑与性欲有关的事情。我们从名人传记中得知，几乎所有已故名人在其生活经历中都因宗教对思想的束缚而受到了伤害。另一方面，理智——或者让我们用一个大家都熟悉的名称即理性来称呼它——是在对人类施加统一的影响方面我们可以赋予最大期望的力量之一，人类是很难团结一致的，因而也很难加以统治。可以想象，如果每个人都有自己的乘法表和度量衡单位，人类社会将怎么可能存在！我们对未来的最好希望是，理智，即科学的精神、理性随着时间的推移将在人类的精神生活中取得专政。理性的本质保证理性以后将继续给予人类的情感冲动及其所决定的东西以它们应得的地位。但是，理性的这种统治的普遍约束，将被证明是团结人类的最有力的纽带，并将引导人类走向进一步的团结。不管什么东西，只要它像宗教的思想禁令那样反对这种发展，它对于人类的未来就是一种危险。

那么，人们可能会问：宗教为何不坦诚地发表以下的声明，以结束这场对它毫无希望的争论呢？这个声明是："我确实不能给予你们所谓的一般真理；如果你们需要真理的话，你们就得坚持科学。但是，我应给予你们的东西，比起科学所能给予你们的东西，都要更加美好、更加抚慰人心、更加使人高尚。所以，我要告诉你们，宗教是另一种更高意义上的真理。"不难找到对这个问题的回答。宗教不可能作出这种让步，因为那将使它丧失对大多数人的影响。普通人只知道一种真理，即一般所说的真理。他想象不出还有更高的或最高的真理。对他来说，真理就像死亡一样，似乎是不分等级的。他不可能参与从美的事物到真理的飞跃。也许你们的想法和我一样，他在这一点上是正确的。

所以，这场斗争没有结束。宗教世界观的拥护者按照"最好的防御是进攻"这句古老的格言行事。他们问道："这个科学究竟是什么东西？它胆大包天，居然贬低我们的宗教。要知道，正是这个宗教，千百年来为成千上万的人们带来了幸福的安慰。可是这个科学迄今为止作出了什么成绩呢？我们今后能够期望从它那里得到什么呢？科学自身也承认，它不能给人以安慰和提高。这个问题我们暂且不予考虑，虽然我们不容易放弃它。但是，这个科学的学说又如何呢？它能够告诉我们宇宙产生的方式以及宇宙面临的命运吗？它能为我们描绘一幅上下连贯的宇宙景象，能够向我们指出生命的那些无法解释的现象属于什么范畴吗？或者向我们说明人类的精神力量怎么能够作用于惰性的物质吗？如果它能够解答这些问题，我们就会尊敬它。但是，它至今也未能解答其中的任何一个问题。它为我们提供了所谓的知识的片断，却不能使这些片断相互一致；它收集了关于各种事件在发展进程中表现出的规律性的观察材料，把这些规律性取名为法则，并大胆地对这些法则作出解释。科学赋予其成果的可靠性是多么微小啊！科学所教给我们的一切只是暂时有效；今天被夸耀为最高智慧的东西，明天就可能遭到摒弃，又被其他只是作为试验的东西所取代。于是，最后的错误就叫作真理。为了这种真理，我们应该牺牲我们的最高财富！”

女士们、先生们！我想，如果你们自己就是这时受到抨击的科学世界观的追随者，这种批评就不会严重动摇你们的信念。此时，我想起在奥地利帝国一度流传的一句话。那个老头子[1]有一次对他所讨厌的某个政党的代表团吼道：“这不再是一般的反对意见，这是因搞宗派而产生的反对意见！”你们将会发现类似的情况，宗教在指责科学时，以一种不公正的和充满敌意的方式夸大科学尚未解开各种宇宙之谜；的确，迄今为止，科学拥有的时间太少，还不能取得这些重大成就。科学还很年轻，它是一种近代才发展起来的人类的活动。我们只需选择出一些数据：大约在三百年前，开普勒发现了行星运动的法则；而牛顿的

1 老头子（Der alte Herr），民间对弗朗茨·约瑟夫皇帝（Franz Joseph，1830—1916）的称呼。——译注

寿命——他把光分成各种颜色并创立万有引力定律——是在1727年走到尽头，即距今不过两百多年；法国大革命爆发前不久，拉瓦锡发现了氧气。与人类进化的持续时间相比，人的一生是极为短暂的，我今天算得上是一位老人了，但是在达尔文发表他的《物种起源》时，我已经出世了。而在同一年即1859年，镭的发现者皮埃尔·居里诞生了。如果你们继续追溯下去，到古希腊人那里去寻找精密科学的起源，追溯到阿基米德，追溯到萨摩斯岛的阿里斯塔克斯[1]，他是哥白尼的先驱，或者甚至到巴比伦人那里去寻找天文学的最初开端，那么你们只不过涵盖了人从其类似猴子的原始形态进化到今天所需要的时期的一个极小的部分，这段时期所包括的时间肯定超过十几万年。而且，我们不应忘记，19世纪产生了大量新的发现，大大加快了科学的进步，以致我们完全有理由满怀信心地展望科学的未来。

不过，在某种程度上，我们必须承认其他的批评意见是正确的。科学的道路确实是缓慢的、摸索的和艰苦的。这个事实既不可以否认也不可以改变。难怪宗教阵营的先生们会不满意；他们被宠坏了，宗教的启示使他们的生活变得更轻松。科学工作中的进步如同科学在精神分析中的进步一样。我们带着各种期望从事科学工作，然而我们必须抑制这些期望。通过观察，我们时而在这里时而在那里获悉某些新的东西，但它们起初只是一些片断，还没有相互协调起来。我们提出各种各样的设想，制作各种各样的辅助结构，但是，如果它们得不到证实，我们就收回它们。我们需要很多耐心，需要对各种各样的可能性作好准备，放弃早期的那些信念，以便不受它们的约束，认识到那些新的、突如其来的因素。最终，我们付出的全部努力得到了回报：

---

1 萨摩斯岛的阿里斯塔克斯（Aristarch von Samos），约公元前250年，古希腊天文学家，曾提出地球绕太阳运行的概念。——译注

那些分散的发现相互结合到了一起，于是我们洞察到了精神事件的全部面貌，完成了任务，可以自主地从事下一个任务了。不过，在精神分析中，我们不得在实验没有为研究提供帮助的情况下进行工作。

此外，上述对科学的批评中存在着大量的夸张。例如，有人批评说，科学盲目地从一种实验踉踉跄跄地走到另一种实验，用一种错误调换另一种错误等等。科学工作通常就像艺术家的工作一样：艺术家制作泥土模型，不知疲倦地修改着粗糙的草图，往上加点什么，又去掉点什么，一直到他满意地看到，他所塑造的形象和他所看到的或所想象的物体相似为止。而且，至少在那些较为古老和较为成熟的科学中，甚至到今天有一种坚固的基础，这个基础只是被稍加更改和扩建，但不再被拆除。由此看来，科学活动中的情况并不像批评者所说的那样糟糕。

最后，这些对科学的激烈的诽谤想达到什么目的呢？尽管科学今天并不完善，尽管科学具有它所固有的种种困难，但它对于我们始终是不可或缺的，任何其他的事物都不能取代它的地位。它能够取得没有预料到的完善，而宗教的世界观却不能。宗教的世界观在所有的基本方面都是完成了的；所以，如果它曾经是一种错误，它必然永远是一个错误。对科学的贬低绝不可能改变这样的事实，即科学试图正确评价我们对现实的外部世界的依赖性，而宗教却是一种幻想，它的强项在于迎合我们的各种内驱力愿望冲动。

我有责任回想起其他与科学的世界观背道而驰的世界观；但我并不乐意这样做，因为我知道，我没有能力正确地评价它们。所以，你们在听下述的意见时，千万不要忘记我刚才的陈述。如果我唤起了你们的兴趣，你们应当到别处去寻找更好的劝导。

我想首先提一下各种不同的哲学体系，它们本着多半是看破红尘的思想家的精神，大胆地描绘宇宙的景象。我曾试图说明哲学及其方法的一般特征，但是，我像其他人一样，不适合对个别的哲学体系作出评价。所以，请你们和我一道把目光转向另外两种现象，我相信，恰恰是在我们这个时代，这两种现象是回避不了的。

在这两种世界观当中，有一种仿佛是政治上的无政府主义的对应物，也许是政治上的无政府主义的一种流露。当然，这样的善于思考的虚无主义者以前就有，但是现在，现代物理学的相对论似乎冲昏了他们的头脑。他们虽然以科学为前提，但他们懂得迫使科学实行自我扬弃乃至自杀；他们交给科学一项任务，即通过驳斥自己的要求把自己清除掉。在这种情况下，人们常常感觉到，这种虚无主义只是一种权宜之计，只要上述任务完成了，这种暂时的态度也就无需存在了。一旦科学被消灭了，在这个被腾出来的空间上就有可能产生某种神秘主义，或者陈旧的宗教世界观又会卷土重来。根据这种虚无主义的学说，真理是压根儿不存在的，也不存在对外部世界的可靠的认识。被我们说成是科学的真理的东西，不过是我们自己的需要的一种产物，所以又是一种幻想，因为我们的需要，在变化无常的外部条件下必然会表现出来。归根到底，我们发现的毕竟只是我们需要的东西，我们看到的只是我们想看到的东西。我们别无他法。因为真理的标准——与外部世界相一致——是不存在的，所以我们信奉什么样的观点完全无关紧要。它们全都是真的，又全都是假的。任何人都无权指责另一个人犯了错误。

对于一个按认识论行事的人来说，探究无政府主义者们用什么样的方法、通过什么样的诡辩，成功地从科学中引诱出这样一些最终结果，这可能是一种诱惑。我们肯定会遇到类似从以下这个众所周知的例子中引出的情况：一个克里特人说："所有的克里特人都是说谎者。"但是，我没有兴趣和能力更深入地探讨这个问题。我只能说，只要这种无政府主义的学说涉及有关抽象事物的见解，它听起来就无比优越；但是当它向实际生活迈出第一步的时候，它就不管用了。人们的行动受他们的见解和知识的指导，正是这同一个科学精神，不仅推测原子的结构或人类的起源，而且设计出一种能够承载重物的桥梁结构。如果我们所说的东西确实是无关紧要的，如果没有在我们看来以与现实相一致而著称的知识，那么我们就可以像用石头那样，用纸板来筑桥；就可以给我们的患者注射分克而不是厘克吗啡；就可以把催泪瓦斯而不是乙醚当成麻醉剂。但是，就连那些善于思考的无政府主义者也会坚决反对在实践中如此运用他们的理论。

对于另外一种反对意见，我们必须更加认真地加以对待。遗憾的是，在这种情况下，我深感自己只具备贫乏的知识。我猜想，你们对这件事知道的比我更多，而且你们早就对马克思主义采取赞成或反对的态度了。卡尔·马克思对社会经济结构的研究，对不同的经济形态对人类生活的一切领域的影响的研究，在我们的时代已获得了无可争辩的权威性。他的研究到底有多少是正确的或错误的，我当然不可能说清楚。我听说，其他比我更有知识的人也很难说清楚。在马克思的理论中，包含着一些使我感到诧异的句子，例如，社会形态的发展是一个自然历史过程；社会阶层中的变化是通过辩证过程的途径发生的。我压根儿不敢肯定我正确地理解了他的这些论断，它们听起来也不是"唯物主义的"，相反，它们倒像是晦涩的黑格尔哲学的一种体现，马克思也深受黑格尔哲学的影响。我不知道，我怎样才能摆脱我的外行见解，它习惯于把社会中的阶级形成归因于历史开始以来各种差别很小的一帮人之间产生的斗争。我认为，社会的差别最初是部落或种族之间的差别。心理的因素，例如体质上的攻击欲望的程度，一帮人内部组织的稳定性，以及物质的因素，例如拥有较好的武器，这一切决定着胜利。由于一起生活在同一区域，胜利者就变成了主人，被击败者就沦为奴隶。在这种情况下，谈不上发现自然法则或概念转变，与此相反，人类对自然力量的进一步控制，对人们的社会关系产生了明显的影响，因为人们总是把他们新近获得的强权手段用于他们的攻击行为，用于相互残杀。金属即青铜和铁的采用，结束了整个的文化时期及其社会制度。我确实相信，是火药和火枪废除了骑士制度的贵族统治，俄国的专制主义早在那场无法挽救的战争之前就已经遭到了唾弃，因为统治欧洲的那些家族之间的近亲婚配，已不可能生育出能经受住黄色炸药的爆炸力的沙皇家族了。

的确，随着战后发生的目前的经济危机，我们也许只需为最近所取得的对自然的了不起的胜利，即对领空的征服，付出代价。这听起来不太好懂，但至少这种关系的最初几个环节还是可以清楚辨认的。英国的政策立足于保证从四周冲刷它的海岸的海洋的安全。然而，当布莱里乌[1]乘飞机飞越英吉利海峡时，这种保护性的隔离状态就被打破了；而在那天深夜，当德国人齐柏林在和平时期为了练习的目的乘飞艇在伦敦上空盘旋时，反对德国的战争似乎已经决定下来了。[2]在这方面，不应忘记也有德国潜水艇的威胁。

我几乎感到惭愧，因为我用上述几个很不充分的意见对你们谈论了这样一个重要而复杂的题目，而且我也知道，这些意见

1 布莱里乌（Louis Blériot），1872—1934，法国飞行员，1909 年首次驾机横越英吉利海峡。——译注

2 我是在第二次世界大战的头一年从可靠人士那里听到这一消息的。——原注

对你们来说并不新颖。我的意图只是想使你们注意这样一个事实：人类与其对自然的控制的关系——人类从对自然的控制中获取用来与同胞打仗的武器——必然会对人类的经济设施产生影响。我们似乎已远离了世界观的各种问题，不过我们马上就会言归正传的。马克思主义的强项显然并不在于它的历史观或以历史观为基础的对未来的预言，而在于它以敏锐的洞察力指出了人们的经济关系对人们的理智的、伦理的和艺术的观点所产生的有说服力的影响，从而揭示了迄今为止几乎完全被人们认识错误的一系列关系和依赖性。但是，我们不会认为，经济动机是决定人们社会行为的唯一因素。这是一个不容置疑的事实，即在相同的经济条件下，不同的个人、种族和民族具有不同的行为，这足以说明，经济的因素并不是唯一的决定性因素。在谈论有生命的人类生物的各种反应时，千万不可忽视各种心理因素，因为这些反应不仅仅与经济关系的建立有关，而且与心理因素有关，也是在经济关系的控制下，人们才有可能把他们的原始的驱力冲动，诸如自我保护驱力、攻击欲望、对爱的需要、获取愉悦而避免不愉悦的欲望牵扯进去。在以前的一次研究中，我们也提出了超我的那个重要的要求，超我代表过去的传统和各种理想，它在一段时期内会抵制来自一种新的经济状况的传动力。最后，我们不应该忘记，屈服于经济必然性的人民群众也经历了文化发展——有人称为文明——的过程，这个过程肯定受到所有其他因素的影响，但就其起源——它可以比作为一个有机的过程——来说肯定独立于那些因素，并且很有可能对其他因素施加影响。这个文化发展的过程转移了内驱力的目标，并促使人们全力抗拒迄今为止他们无法忍受的东西。另外科学精神的日趋加强似乎是这一过程的一个基本部分。谁要是能够详细地证明这些不同的因素，即一般的人类的内驱力资质、种族的变异、文化的改造，在社会归属、职业活动和求职能力的条件下怎样行动，怎样相互抑制和促进，谁就能够补充马克思主义，使它成为一门真正的社会学。因为社会学也是探讨社会中人们的行为的，所以它只能是一种应用心理学。严格地说只有两门科学：一门是心理学，包括纯粹的和应用的心理学，另一门是自然课。

随着人们重新认识到经济关系的这种深远的意义，引发出这样一种诱惑，即不要把经济关系的稍微改动听凭历史的发展作决定，而要通过革命的干预亲自实行这种改动。当理论上的马克思主义在俄国的布尔什维主义中变为现实时，它获得了一种世界观的活力、封闭性和排他性。但是与此同时，它和它所反对的东西也有某种可怕的相似性。理论上的马克思主义本身最初是一门科学，并且在其实施过程中建立在科学和技术的基础上，但它毕竟创造了对思想的禁令，而且正像宗教对思想的禁令那样毫不留情。对马克思主义理论的任何批判性的研究都遭到禁止，对它的正确性的怀疑受到了严惩，就像天主教教会严惩异端邪说一样。马克思的著作成为启示的源泉，虽然比起过去的神圣不可侵犯的经书来，马克思的著作似乎同样具有矛盾和晦涩之处。

虽然俄国实践的马克思主义已经无情地清洗了所有的唯心主义体系和幻想，然而它自己毕竟产生出种种幻想，它们同以前的幻想一样，同样是值得怀疑的和无法证明的。它希望在几代人的过程中，人的本性会发生巨大的变化，以至于人们在一种新的社会制度中几乎是毫无摩擦地生活在一起，并且不受强制地承担起劳动的任务。与此同时，它把那些在社会中不可免除的内驱力限制转移到其他地方，并且把那些危及任何人类团体的攻击性倾向向外转移，热衷于穷人对富人的仇恨、至今无权力者对昔日统治者的仇恨。但是，用这种方法去改造人类的本性是非常难以置信的。只要这种新的制度尚不完善并面临来自外部的威胁，那种目前激励着群众追随布尔什维主义的热情就不会为一种未来提供安全，在这种未来中，安全似乎得到改进，不会受到伤害。与宗教完全类似，布尔什维主义也不得不向它的信徒们许诺一个更好的彼岸，在彼岸这个天国里，不再会有得不到满足的需要，以此来补偿他们今天所蒙受的痛苦和匮乏。而且，这种天堂应该是一种此岸的天堂，它建立在地球上，并在可预见的时期内开始营业。但是我们不要忘记，犹太人——他们的宗教对彼岸的生活一无所知——也期望弥赛亚降临到地球上；在基督教的中世纪，人们多次相信上帝的王国即将来临。

毫无疑问，布尔什维主义将会对这些指责作出回答。它会说：只要人们的本性尚未得到根本的改变，就有必要运用今天这些方法来影响他们。不实行强制教育和思想禁令，不使用暴力甚至流血牺牲是行不通的。如果不在人们身上唤起那些幻想，他们就会不服从这种强制。有人会恭敬地请求我们告诉他，怎样才能改变这种现状。这叫我们怎么回答呢。我无法提供建议。我应该承认，这种试验的条件妨碍我和像我一样的人去从事这种试验，但是我们并不是唯一关心这件事情的人。也有一些说干就干的人，他们具有坚定的信念，对怀疑置若罔闻，对他人的痛苦无动于衷，如果他人妨碍他们的意图的话。我们要感谢这些人，是他们使创建这样一种新制度的了不起的试验目前确实在俄国进行着。当某些伟大的民族宣布它们只期望从坚持基督教的虔敬中得到自己的幸福时，在俄国发生的变革尽管在所有细节方面令人讨厌，却不失其为一种更美好的未来的信息。遗憾的是，无论是我们的怀疑还是其他人的狂热的信仰，都不能暗示这个试验的结局将会怎样。未来也许会教导或告诉我们，这个试验进行得过早了；只有当各种新的发现增强了我们对自然界力量的控制，从而使我们的各种需要的满足变得容易时，对社会制度的彻底改革才有成功的希望；只有到了那时，新的社会制度才有可能不仅消除群众的物质贫困，而且满足个体的文化需要。当然，即使到了那时，我们仍将与任何社会团体的桀骜不驯的人性所引起的各种困难作长期的、旷日持久的斗争。

女士们、先生们！请允许我在讲座结束时对我关于精神分析与世界观问题的关系所作的论述作一个总结。我认为，精神分析没有能力创建它自己特有的世界观。它不需要世界观，它是一门科学，可以接受科学的世界观。但是，科学的世界观几乎不值得大肆吹嘘，因为它没有仔细观察一切，而且太不完善，谈不上完整性和系统性。在人们当中，科学思维还很年轻，还不能解决许许多多的重大问题。以科学为基础建立起来的世界观，除了强调现实的外部世界以外，还有诸多本质上是消极的特征，如满足于真理、拒绝幻想等。我们周围的人谁要是不满意事物的这种状态，谁要是为他眼下的安慰要求更多的东西，他可以设法在他找到它的地方弄到它。我们不会因此而怨恨他，也不会帮助他，但是，我们也不会由于他的原因而持不同意见。

“译林人文精选”书目

01.《精神分析引论》

▪［奥地利］西格蒙德·弗洛伊德 著，洪天富 译

02.《精神分析新论》

▪［奥地利］西格蒙德·弗洛伊德 著，洪天富 译

03.《国富论》

▪［英国］亚当·斯密 著，章莉 译

04.《查拉图斯特拉如是说》

▪［德国］弗里德里希·尼采 著，杨恒达 译

05.《理想国》

▪［古希腊］柏拉图 著，张竹明 译

06.《战争论》

▪［德国］克劳塞维茨 著，张蕾芳 译

07.《达·芬奇笔记》

▪［意大利］莱奥纳多·达·芬奇 著，周莉 译

08.《论人类不平等的起源和基础》

▪［法国］让—雅克·卢梭 著，黄小彦 译

09.《自然史》

▪［法国］布封 著，陈筱卿 译

10.《论美国的民主》

▪［法国］阿列克西·德·托克维尔 著，曹冬雪 译

11.《乌合之众》

▪［法国］古斯塔夫·勒庞 著，陈剑 译

12.《社会契约论》

▪［法国］让—雅克·卢梭 著，黄小彦 译

13.《菊与刀》

▪［美国］鲁思·本尼迪克特 著，陆征 译

14.《沉思录》

▪［古罗马］玛克斯·奥勒留 著，梁实秋 译

15.《君主论》

▪［意大利］尼科洛·马基雅维里 著，阎克文 译

16.《旧制度与大革命》

▪［法国］阿列克西·德·托克维尔 著，李焰明 译